U0934097

福建省高职高专农林牧渔大类十二五规划教材

经济竹种丰产高效栽培技术

方栋龙　编著

厦门大学出版社
XIAMEN UNIVERSITY PRESS
国家一级出版社
全国百佳图书出版单位

福建省高职高专农林牧渔大类十二五规划教材编写委员会

主　任　李宝银(福建林业职业技术学院院长)

副主任　范超峰(福建农业职业技术学院副院长)

　　　　　黄　瑞(厦门海洋职业技术学院副院长)

委　员

黄亚惠(闽北职业技术学院院长)

邹琍琼(武夷山职业学院董事长)

邓元德(闽西职业技术学院资源工程系主任)

郭剑雄(宁德职业技术学院农业科学系主任)

林晓红(漳州城市职业技术学院生物与环境工程系主任)

邱　冈(福州黎明职业技术学院教务处副处长)

宋文艳(厦门大学出版社总编)

张晓萍(福州国家森林公园教授级高级工程师)

廖建国(福建林业职业技术学院资源环境系主任)

内容提要

本书是根据福建省高职高专农林牧渔大类十二五规划教材编写委员会有关精神组织编写的。

本书主要讲述经济竹种栽培概述、经济竹种形态特征及理化性质、经济竹种种类识别、经济竹种生长规律及适生环境、毛竹高效栽培技术、中小散生竹高效栽培技术、丛生竹高效栽培技术、混生竹高效栽培技术、经济竹种绿色栽培技术、经济竹种主要有害生物控制技术、经济竹种高效栽培技术规划设计等。本书紧扣生产实际，编写内容丰富，易于操作，结构合理。每章前有总起，后有小结，习题紧扣所学内容，能帮助学习者掌握关键知识和技能，提高学习效率。

本书适用于高等职业技术院校林业技术、园林技术、园艺技术等专业，中等职业学校相关专业也可以适用，从事相关的竹业栽培及利用、园林规划设计、园林绿化等工作人员可参考使用，还可作为专业培训及相关工种考级和农村实用技术培训用书。

前　言

竹子是我国森林资源重要的组成部分，我国也是世界竹子分布最广、资源最多的国家，福建省是我国主要的竹子产区，竹林面积、立竹度均居全国之首。除毛竹外，还有许多竹子均具有较大经济开发价值。这些竹子生长快，成林早，产量高，用途广，与人类的生活息息相关，在广大山区、农村经济中占有十分重要的地位，同时竹子具有美化环境、净化空气、涵养水源、保持水土、园林绿化等方面的作用。

近年来，全国各地都在大力经营毛竹林，并进行较大规模的低产林改造，对其他的经济竹种也有不同程度的栽培、开发和经营利用。由于竹子生长周期短，效益大，是可持续再生利用资源，在竹产区，广大竹农有较丰富的栽培经验，经营的积极性很高，对竹产业的发展起到重要的促进作用。

编者长期从事竹类理论研究、教学及生产技术推广工作，对竹子分类识别、丰产栽培技术、多种经营技术及野生竹种的开发利用等进行了较系统深入的研究，基于此，结合当前国内外竹类研究的许多最新成果和先进的生产经验，编写了本书。本书分十一章，包括经济竹种栽培概述、经济竹种形态特征及理化性质、经济竹种种类识别、经济竹种生长规律及适生环境、毛竹高效栽培技术、中小散生竹高效栽培技术、丛生竹高效栽培技术、混生竹高效栽培技术、经济竹种绿色栽培技术、经济竹种主要有害生物控制技术、经济竹种高效栽培技术规划设计等内容，重点阐述毛竹高效栽培技术、绿色栽培技术，希望对广大读者有所帮助。

本书可作为专业教材、培训资料及生产经营者自学参考书。本书在编写过程中得到许多专家、专业技术人员的大力支持和帮助，特别是承蒙著名竹类专家，福建农林大学教授、博士生导师郑郁善同志的指导，在此表示衷心的感谢！感谢福建省高职高专农林牧渔大类十二五规划教材编写委员会、厦门大学出版社、福建林业职业技术学院。同时，本书也参阅及引用了近年出版的多种书刊与资料，在此谨向有关编著者表示谢意。由于时间和水平有限，书中错误疏漏在所难免，诚请广大读者批评指正。

编者

2020 年 5 月

目 录

第1章 经济竹种栽培概述 …… 1
1.1 经济竹种栽培意义 …… 1
1.1.1 生长快 …… 1
1.1.2 产量高,效益大 …… 1
1.1.3 用途广 …… 2
1.1.4 生态、社会效益大 …… 3
1.1.5 周期短,一年多次收获 …… 4
1.1.6 可持续更新和利用资源 …… 4
1.2 经济竹种地理分布及资源状况 …… 4
1.2.1 世界竹子天然分布及资源概况 …… 4
1.2.2 中国竹子天然分布及资源概况 …… 6
1.2.3 福建省竹子天然分布及资源概况 …… 7
1.3 经济竹种栽培历史及产业现状 …… 8
1.3.1 栽培历史 …… 8
1.3.2 福建省竹产业现状 …… 9
本章小结 …… 10
思考题 …… 10
第2章 经济竹种形态特征及理化性质 …… 11
2.1 经济竹种的形态特征 …… 11
2.1.1 地下茎 …… 11
2.1.2 地上茎(竹秆) …… 12
2.2 经济竹种竹材构造 …… 15
2.2.1 竹材构成(横断面) …… 15
2.2.2 内部解剖构造 …… 16
2.3 经济竹种竹材的理化性质 …… 16
2.3.1 物理性质 …… 16
2.3.2 化学性质(成分) …… 17
本章小结 …… 18
思考题 …… 18
第3章 经济竹种种类识别 …… 19
3.1 丛生竹种识别 …… 20
3.1.1 泰竹属(条竹属) …… 20
3.1.2 箣竹属 …… 20

3.1.3 绿竹属 …… 23
3.1.4 牡竹属 …… 24
3.2 散生竹种识别 …… 25
3.2.1 刚竹属 …… 25
3.2.2 方竹属 …… 30
3.2.3 酸竹属 …… 31
3.2.4 少穗竹属 …… 32
3.3 混生竹种识别 …… 33
3.3.1 苦竹属 …… 33
3.3.2 茶秆竹属 …… 35
3.3.3 箬竹属 …… 36
本章小结 …… 38
思考题 …… 38
第4章 经济竹种生长规律及适生环境 …… 39
4.1 经济竹种生长规律 …… 39
4.1.1 散生竹生长发育 …… 39
4.1.2 丛生竹生长发育规律 …… 44
4.1.3 混生竹的生长 …… 46
4.2 经济竹种适生环境 …… 47
4.2.1 竹子的适生气候 …… 47
4.2.2 竹子的适生土壤 …… 48
4.2.3 竹子的适生地形 …… 48
本章小结 …… 49
思考题 …… 49
第5章 毛竹高效栽培技术 …… 51
5.1 毛竹林营造技术 …… 51
5.1.1 毛竹育苗 …… 51
5.1.2 造林地选择 …… 55
5.1.3 林地清理、整地 …… 55
5.1.4 造林季节 …… 55
5.1.5 造林(更新)方法 …… 56
5.1.6 幼林抚育 …… 58
5.2 毛竹林丰产高效经营技术 …… 59
5.2.1 毛竹丰产高效笋竹两用林经营技术 …… 59
5.2.2 生态材用林栽培技术 …… 66
5.3 毛竹混交林经营技术 …… 68
5.3.1 毛竹混交林类型 …… 68
5.3.2 竹木混交林的管理措施 …… 69
5.4 毛竹水土保持林经营技术 …… 69

5.4.1 调整合理的竹林结构……69
5.4.2 削山松土……70
5.4.3 合理砍伐……70
5.5 毛竹纸浆林经营技术……70
5.5.1 培育毛竹纸浆林的意义……70
5.5.2 毛竹纸浆林合理结构……71
5.5.3 毛竹纸浆林丰产经营技术……71
5.6 毛竹低产林改造技术……72
5.6.1 毛竹低产林类型……72
5.6.2 毛竹低产林改造技术……73
本章小结……75
思考题……75
第6章 中小散生竹高效栽培技术……76
6.1 黄甜竹高效栽培技术……76
6.1.1 生物学特性……76
6.1.2 营造技术……77
6.1.3 成林(丰产)培育技术……77
6.2 早竹(雷竹)高效栽培技术……78
6.2.1 生长规律……78
6.2.2 竹林营造……79
6.2.3 成林管理(丰产林培育技术)……80
6.3 台湾桂竹高效栽培技术……80
6.3.1 生长规律……80
6.3.2 竹林营造……81
6.3.3 丰产林培育……82
6.4 高节竹高效栽培技术……82
6.4.1 高产培育技术……82
6.4.2 春笋冬出技术……83
6.5 红哺鸡竹高效栽培技术……84
6.5.1 营造技术……84
6.5.2 丰产栽培技术措施……84
6.6 淡竹高效栽培技术……85
6.6.1 生长规律……85
6.6.2 营造技术……85
6.6.3 幼林抚育……86
6.6.4 成林抚育……86
6.7 糙花少穗竹高效栽培技术……86
6.7.1 野生糙花少穗改造技术……86
6.7.2 糙花少穗竹培育技术……88

6.8 散生中小径观赏竹高效栽培技术…… 90
6.8.1 生长规律…… 90
6.8.2 营造技术…… 90
6.8.3 幼林抚育…… 91
6.8.4 成林抚育…… 92
本章小结 …… 93
思考题 …… 93
第7章 丛生竹高效栽培技术 …… 94
7.1 绿竹高效栽培技术…… 94
7.1.1 造林…… 94
7.1.2 幼林管理…… 95
7.1.3 成林管理…… 95
7.2 麻竹高效栽培技术…… 96
7.2.1 生长特性…… 96
7.2.2 造竹技术…… 97
7.2.3 抚育管理…… 98
7.3 大头典竹高效栽培技术…… 99
7.3.1 造林技术…… 99
7.3.2 抚育管理 …… 100
7.4 黄竹高效栽培技术 …… 101
7.4.1 造林地选择 …… 101
7.4.2 选择竹种 …… 101
7.4.3 母种挖掘 …… 101
7.4.4 栽植密度 …… 101
7.4.5 种植技术 …… 101
7.4.6 幼林抚育管理 …… 102
7.4.7 合理采伐 …… 102
7.5 青皮竹高效栽培技术 …… 102
7.5.1 造林地选择 …… 102
7.5.2 造林时间 …… 102
7.5.3 造林方法及技术 …… 102
7.5.4 抚育管理 …… 103
7.5.5 合理采伐 …… 103
本章小结…… 103
思考题…… 104
第8章 混生竹高效栽培技术…… 105
8.1 苦竹高效栽培技术 …… 105
8.1.1 生长特性 …… 105
8.1.2 低产林改造技术 …… 106

8.2 茶秆竹高效栽培技术 …… 107
8.2.1 生长规律 …… 108
8.2.2 营造技术 …… 108
8.2.3 幼林抚育 …… 109
8.2.4 成林丰产培育 …… 110
8.2.5 低产林改造 …… 110
本章小结 …… 111
思考题 …… 111
第9章 经济竹种绿色栽培技术 …… 112
9.1 绿色栽培产地环境 …… 112
9.1.1 无公害竹笋定义 …… 112
9.1.2 绿色栽培产地环境质量 …… 112
9.2 绿色栽培技术措施 …… 114
9.2.1 土壤管理 …… 114
9.2.2 施肥 …… 114
9.2.3 合理生产竹笋 …… 117
9.2.4 合理留养母竹、采伐 …… 117
9.2.5 覆盖和灌溉 …… 117
9.2.6 病虫害防治 …… 118
9.3 绿色栽培竹笋质量标准 …… 120
9.3.1 外观要求 …… 120
9.3.2 卫生标准 …… 121
9.3.3 包装与标志 …… 121
9.3.4 运输与贮存 …… 121
本章小结 …… 121
思考题 …… 122
第10章 经济竹种主要有害生物控制技术 …… 123
10.1 竹类病害控制技术 …… 123
10.1.1 毛竹枯梢病 …… 123
10.1.2 竹丛枝病 …… 124
10.1.3 毛竹煤烟病 …… 125
10.1.4 竹疹斑病 …… 125
10.1.5 竹黑粉病 …… 126
10.2 竹类虫害控制技术 …… 127
10.2.1 竹笋夜蛾 …… 127
10.2.2 竹蝗 …… 128
10.2.3 刚竹毒蛾 …… 129
10.2.4 竹镂舟蛾 …… 130
10.3 竹类兽害控制技术 …… 130

10.3.1 野猪 …… 131
10.3.2 竹鼠 …… 131
本章小结 …… 131
思考题 …… 132
第 11 章 经济竹种高效栽培规划设计 …… 133
11.1 毛竹林产量估算 …… 133
11.1.1 笋产量估算 …… 133
11.1.2 毛竹林竹秆产量估算 …… 133
11.2 毛竹调查、规划、设计 …… 138
11.2.1 调查、规划和设计的目的 …… 138
11.2.2 调查、规划和设计的内容 …… 138
11.2.3 调查、规划和设计的方法 …… 139
本章小结 …… 143
思考题 …… 143

附表 …… 144
参考文献 …… 148

第 1 章

经济竹种栽培概述

经济竹种栽培是一项短、平、快的项目，以其生长快、产量高、用途广、效益高、收获期短、一次造林只要合理经营可永续更新和利用等优势在林业领域里异军突起，越来越受到人们的关注和青睐。属于林业范畴，但特点不同于林业（因周期短，多次收益），而更像农业。

竹类与禾草在分类学上同属单子叶植物中的禾本科，因竹秆通常为多年生，富含木质纤维而坚韧，与一般禾草不同，故列为竹亚科。

本章主要介绍经济竹种栽培意义、竹种分布、资源状况及竹产业概况。

1.1　经济竹种栽培意义

1.1.1　生长快

竹是所有树种中生长最快的，如毛竹高、径生长一般在 2 个月内完成，秆高可达十几米，胸径可达十几厘米，日高生长量可达几十厘米（福建省最大的毛竹可长到高 23 m，胸径 20 cm，节间长达 50 cm——建阳黄坑）。因为竹子生长除靠顶端分生组织生长（笋期一般靠顶端分生组织）外，主要还靠每个节的居间分生组织细胞不断分裂、分化、伸长，而一般树种只靠顶端分生组织（杉木：高生长 1 m/年左右，泡桐：3 m/年左右）。世界最大的竹子是生长在云南的歪脚龙竹（巨龙竹），高 46 m，直径 36 cm，重 450 kg。最大的毛竹竹高为 26 m。

1.1.2　产量高，效益大

经济竹种的产量和效益是衡量竹种栽培效果的重要指标，主要反映在笋竹产量及产值上。

1. 产量

毛竹笋产量最高可达 2000 kg/亩（而目前一般只产 50～100 kg/亩），竹材产量最高达 2000 kg/亩（大约 80 根 9 cm 以上的竹材，相当树木年生长量 2 m^3/亩）。一般经营好的毛竹林笋、竹产量均可达 1000kg/亩（如浙江奉化毛竹丰产林，年亩产竹材达 1500～2000 kg）；麻竹最高笋产量达 7000 kg/亩，一般可达 1000～2000 kg/亩，绿竹笋产量一般可达 500～1000 kg/亩。

2. 产值(竹、笋合计)

毛竹经营好可达几千元甚至万元，有人曾经经营台湾玉山竹(丛生，秆高 1 m 左右)，产值最高可达 5 万元/(亩・年)，浙江早竹最高产值 5 万元/(亩・年)[投入 5000 元/(亩・年)]。此外，竹鞭、竹根、竹箨等也是有利用价值的产品。

据调查，林果行业纯收入最高为竹业：

	投入	产出
茶叶	1	1.5
果树	1	2
树木	1	2
竹子	1	5～10

据测算，按目前价格毛竹每年每亩纯收入至少可达 700 元，而目前毛竹利用增值只有 20%左右，若利用好增值一般可达 100%～200%。2011 年福建省竹业总值达 269.7 亿元，成为发展最快的产业之一，在全国竹产业中排名中仅次于浙江，排名第二。

1.1.3 用途广

竹类利用比树木广得多。我国劳动人民早在殷商时代(公元前 1562—1066 年)利用竹子做箭矢、书简，编制竹器，秦代造笔等。

竹子材质比较好，其收缩性小，割裂性好，篾性好，弹性、韧性、强度比杉木强(顺纹抗拉强度约 1900 kg/cm^2，相当杉木的 2.5 倍；顺纹抗压强度为 600～800 kg/cm^2，相当杉木的 1.5 倍)。苏东坡说：“食者竹笋、庇者竹瓦、戴者竹笠、书者竹纸、炊者竹薪、衣者竹皮、履者竹鞋，真可谓无一日无此君也。”

1. 竹、笋利用

以竹材加工的产品有 2000 多种，以竹笋加工的产品有 50 多种。

(1)直接利用竹材：建筑，已有 2000 多年的历史，作梁、柱、椽、壁等，近代架设工棚、脚手架。大约 50 根毛竹顶 1 立方米木材。

(2)竹加工

竹地板：比木材耐用，美观。另外，许多汽车的底板是用竹胶合板做的。但竹地板制作工艺比较高，目前受一定限制。

竹人造板：用竹子的次竹、废料研碎热压而成的各种板材。目前国内外已生产的竹质人造板有竹胶合板、竹泡花板、竹纤维板、竹丝板、竹木复合板装饰板等。

竹材作生活用品：福建竹筷，浙江竹雕，江苏竹篾，江西翻簧竹制品，湖南、四川等地的竹编等都是传统的出口商品。

竹席：竹片拼成，如卷筒席、细片(条)竹席、麻将席。竹席散热比木板快。如湖南益阳的水竹凉席驰名中外，福建华安凉席也很有名(其实华安竹林面积只有 5 万多亩，但已建成全国竹种数量最多的竹种园，有 300 多种竹种)。

竹家具、竹编用品：竹沙发、竹椅、竹桌、竹编篮子及竹编工艺品等。如浙江竹编大象(长 2 m，高 1.8 m)开价 2 万元。1997 年邓小平访问美国观看竹山鹰(美国宝田公司)。一般以

动物为主的竹编工艺品较多。另外，青皮竹破篾性很好，可劈成头发丝粗细，用途很广。

装修房屋：墙壁装饰板（光滑美观，经久耐腐）、春联。

此外，还可制成晒衣竿、滑雪竿、毛笔杆（箬竹属、玉山竹属）、扫帚柄、门帘、竹筷等。茶秆竹是我国传统的出口优良竹种（称厘竹，1 cm 粗）。

(3)笋加工：竹笋味甘鲜脆，营养丰富，是我国的传统佳肴。随着科学技术的发展，竹笋不仅供食用，而且成为商品，不但鲜食，亦能加工成制品。目前笋制品有 50 种以上，但目前加工较多的只有清水笋、笋干，而其他各种都比此两种利润高，如笋衣、笋丝、酸笋、腌笋、笋罐头等。永安石竹笋干是传统的出口商品（俗称羊尾笋干）。

笋除富含淀粉外还有丰富的蛋白质和多种氨基酸（毛竹笋含 18 种氨基酸，笋味鲜美，营养价值高）。宋代苏东坡曰："宁可食无肉，不可居无竹，无肉使人瘦，无竹使人俗，人瘦尚可肥，俗士不可医。"我国的竹笋产量以长江流域以南的竹产区为主，竹笋的种类以毛竹笋为最多，其次是早竹、雷竹、麻竹、绿竹、大头典竹、甜竹等。

浙江早竹鲜笋最贵 1 斤卖 30 多元。

2. 造纸等

我国晋代开始就利用竹子造纸，至今有 1700 多年历史。毛竹含纤维 30%～50%，纤维长度 2 mm 左右，是造纸的好原料。据测定，3 吨左右毛竹材可制 1 吨竹浆，4 吨左右的竹材可制 1 吨人造丝浆粕。目前，利用竹子造的纸有宣纸、毛边纸、玉扣纸、建史纸等（皮宣纸质地柔软，白净耐用，经久不变色，是历代书法、档案的名贵用纸）。目前我国已能全部用竹浆生产出强度大、平滑紧密、印刷性能优良的胶版纸、描图纸、邮封纸、打字纸、特种工业用纸。此外，竹材可制布，作过滤嘴，造羊毛、醋酸纤维、硝化纤维等。

3. 竹头、竹箨等利用

竹头：目前一般作废物，但有些地方利用竹头雕刻老人头像，每个可卖 20 元左右（国内），在港可卖 800 港币，浙江用竹头刻成的龙舟开价 2 万元。用竹头（秆基、秆柄、竹根）雕刻人头像较普遍。

竹枝：人造花卉（国外圣诞节）、扫把。曾经有台湾商人在福建许多地方设点专门收购竹枝（每小枝 1 角）。

竹箨：做地毯、造纸、草席。

竹叶：包粽子，如箬竹（香味和灭菌）、麻竹。做斗笠。熊猫吃箭竹叶。

1.1.4　生态、社会效益大

竹子形态挺秀，神韵潇洒，枝叶繁茂，四季常青，同化能力强，生氧多，同时鞭根发达，固土保水能力强，是园林绿化、保持水土的优良树种（如小说红楼梦中介绍的林黛玉住的潇湘馆专门用竹子绿化）。许多著名的园林绿化竹种，如花毛竹、黄槽毛竹、黄皮绿筋竹、紫竹、龟甲竹、罗汉竹、佛肚竹、方竹等秆形特殊，凤尾竹、小佛肚竹可盆栽。人们喜欢栽竹绿化，以竹造景。如著名的园林名胜浙江莫干山竹林，郁郁葱葱，重重叠叠，遥望天际，翠绿多姿，步入林中，其乐无穷。洞庭湖的君山竹林是别具一格、闻名于世的旅游胜地。真可谓"华夏竹文化，上下五千年，衣食住行用，处处竹相连"。

竹目前主产品以笋、竹、纸为三大宗。在福建南平以商品竹为大宗，三明以竹笋占比重较大，龙岩以造纸为竞争优势。随着科学技术的发展和社会主义市场经济不断完善，各地应笋竹兼用，笋、竹、纸全面发展。

1.1.5 周期短，一年多次收获

竹子是“短、平、快”项目，一株毛竹从出笋到成竹只要经过 2 个月左右的高、径生长和 5～6 年的加固生长即可利用，造林后 8 年左右可成林成材，合理经营可永续利用，而且一年多次收获多种收获。如毛竹等散生竹一年有冬笋(11 月至翌年 1 月)、春笋(2—4 月初)、春竹材、鞭笋(8 月份)、秋(冬)材、钩梢(冬季)。

1.1.6 可持续更新和利用资源

单株竹大概只有 10 年寿命(如毛竹 15 年，绿竹 7～8 年，麻竹 8～9 年)，而整片竹林利用地下繁殖体的生长，寿命很长(具体年限尚不清楚，据说可达几百年甚至千年)。由于地下的不断繁殖生长，形成一种良性循环。“竹连鞭，鞭生笋，笋成竹，竹养鞭”，这样不断循环增殖。

图 1-1 竹林鞭、竹、笋生长系统

1.2 经济竹种地理分布及资源状况

1.2.1 世界竹子天然分布及资源概况

1. 地理分布

由于海洋的阻隔，可分成 3 大区：

(1)亚太竹区:为世界最大竹区。

库页岛中部(北)

印度西南部

太平洋诸岛屿

新西兰(南)

包括中国、印度、缅甸、泰国、孟加拉国、柬埔寨、越南等。

(2)美洲竹区:主要在南美洲、拉丁美洲,以巴西为最多。

美国(北)

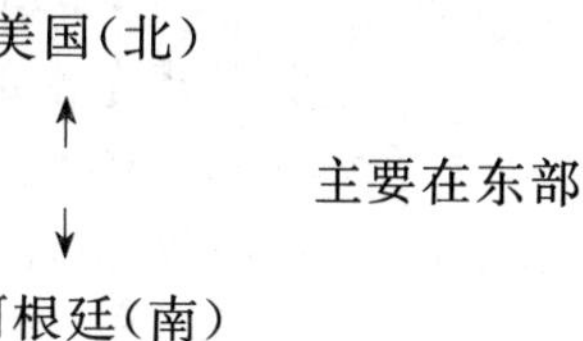

主要在东部

阿根廷(南)

主要有墨西哥、危地马拉、洪都拉斯、哥伦比亚、委内瑞拉、巴西等。

(3)非洲竹区

苏丹东部(北)

莫桑比克南部

主要有塞内加尔南部、几内亚、利比亚、象牙海岸、尼日利亚南部、刚果、扎伊尔、马达加斯加岛、苏丹、埃塞俄比亚等。

2. 世界竹资源概况(面积、种类)

共 2400 万 ha、70 多属、1200 多种。

(1)亚洲:面积 1800 万 ha,40 多属 900 多种,主要在东南亚。

表 1-1　亚洲主要国家竹类资源

国家	面积/ha	种类
中国	800 万	40 个属 500 多种(大多为木本,草本只 1 种)
印度	400 万	19 个属 136 种
缅甸	217 万	7 个属 90 种
泰国	100 万	12 个属 50 种
越南	13 万	16 个属 92 种
日本	12.3 万	13 个属 260 种
菲律宾	0.8 万	12 个属 55 种

(2)美洲:200 万 ha,17 属 270 种。

(3)非洲:150 万 ha,14 属 50 多种。

(4)大洋洲:50 万 ha,6 属 10 种。

欧洲没有天然分布,但有引种 100 多种。

1.2.2 中国竹子天然分布及资源概况

1. 中国竹子天然分布

我国竹子主要分布在江南、秦岭淮河一带，现已北移到北纬47°(吉林)。垂直海拔最高可达3500 m(喜马拉雅山)，一般海拔800 m以上的中山多为中小型竹种。根据气候、地形及竹种特性不同分为3个竹区：

(1)黄河—长江散生竹区(北亚热带)：约相当于北纬30°～35°，年均温度为10～17 ℃，1月平均温度为－2～4 ℃，年降雨量为500～1200 mm。包括甘肃东南部、四川北部、陕西南部、河南、湖北、安徽、江苏、山东南部、河北西南。

主要竹种为散生竹，还有一些混生竹：毛竹、刚竹、淡竹、桂竹、金竹、水竹、紫竹、苦竹、箬竹、箭竹等。

(2)长江—南岭、戴云山混生区(中亚热带)：此区资源最多，有散生、混生，还有相当数量的丛生竹。约相当于北纬25°～30°，年均温度为15～20 ℃，1月平均温度为4～8 ℃，年降雨量为1200～1800 mm。包括四川西南部、云南北部、贵州、湖南、江西、浙江、福建西北部。是我国竹林面积最大、竹子资源最丰富的地区。

主要竹种有毛竹，其次刚竹、淡竹、早竹、哺鸡竹、桂竹、水竹、苦竹、箬竹、慈竹、硬头黄竹等。

(3)华南丛生竹区(南亚热带)：丛生竹集中分布区，也有散生竹和混生竹。约相当于北纬25°以南，年均温度为20～25 ℃，1月平均温度8 ℃以上，年降雨量为1200～1800 mm。包括台湾、福建南部、广东、广西、云南南部。也包括攀缘竹类分布区(海南中南部)，如藤竹属。

主要有撑篙竹、硬头黄竹、青皮竹、车筒竹、麻竹、绿竹、吊丝球、大头典竹、粉单竹。

2. 竹资源概况

中国的主要竹类有40属，500余种，竹林面积800万ha，占世界竹林面积的40%，占亚太地区竹林面积的57%。我国共有22个省份有一定的规模，以福建为最多。

福建省　113万ha，其中毛竹100万ha，竹种数量达25属258种

湖南　90万ha

江西　100万ha

浙江　85万ha

此外江苏、安徽、广西、云南、贵州也较多。

表1-2　福建省竹种资源数量在全国的地位

	世界	中国	福建省	南平市
竹种数量	70～80属，1200多种	40属500种	25属258种	16属129种(包括16个变种)
竹林面积	竹林面积约2400多万ha	竹林面积800万ha，其中毛竹443万ha	113万ha，毛竹100万ha	45万ha，毛竹42万ha

1.2.3　福建省竹子天然分布及资源概况

福建省是我国竹子生长和分布的主产区之一，自然条件适宜多数竹子生长，全省各地均有竹子分布，特别是闽北地区，其中建瓯、顺昌、永安、沙县、武夷山、尤溪等县市被评为全国竹子之乡。

1. 天然分布

由于气候、土壤、地形的差异，可分为四大区(以毛竹为例)。

(1)最适宜区：光泽、邵武、顺昌、浦城、武夷山、松溪、建阳、建瓯、南平、沙县、尤溪、泰宁、将乐、永安及政和、明溪、宁化、清流、连城、上杭、龙岩、漳平、大田等部分乡镇。

本区生产潜力最大，一般经营水平，胸径大于 10 cm(毛竹)，面积也最大，占全省面积的 70%以上。

(2)适宜区：周宁、屏南、古田、寿宁、德化、柘荣、闽清、长汀、武平及福安、罗源、宁德、明溪、宁化、清流、上杭、龙岩、漳平、永泰、永定、南靖、大田、福州的部分乡镇。

本区气候适宜，但土壤植被不如最适宜区，一般经营水平，胸径可达 8 cm。毛竹占全省竹林面积 27%以上。

(3)较适宜区：福州郊区、福清、莆田、仙游、连江、永春、南安、安溪、华安、平和、龙海、漳浦等多数乡镇。

本区自然条件不利毛竹生长，难以形成较大面积的自然分布区，一般经营水平，胸径可达 8 cm。毛竹占全省竹林面积 2%以上。

(4)散生毛竹区：东南沿海低丘、台地、平原、海岛，厦门、晋江、长乐、东山、平潭、石狮及云霄、诏安、漳浦等县的部分沿海乡镇。

本区气候条件对毛竹很不利，多为零星小块或散生分布，生长也差，占全省竹林面积 1%以下。

2. 福建省竹资源概况

福建省居全国第一，各地都有分布，大多在闽西北，占全省 80%。地区资源状况如表 1-3 所示：

表 1-3　福建省各地竹资源状况

地区	面积	地区	面积
南平	16 属，129 种(包括 16 个变种)；竹林面积 45 万 ha，毛竹 42 万 ha	宁德	竹林面积 8.8 万 ha
三明	20 属，120 种(包括 16 个变种)；竹林面积 35 万 ha，毛竹 30 万 ha	漳州	竹林面积 3.5 万 ha
龙岩	15 属 84 种，竹林面积 21 万 ha	泉州	竹林面积 2.1 万 ha
福州	竹林面积 9.8 万 ha	莆田	竹林面积 1.5 万 ha

福建的竹种数量、面积都居全国之首，有些竹种为福建特有竹种，如南平矮竹、福建矮竹、武夷山方竹、长鞘玉竹、武夷山玉山竹、黄甜竹、屏南少穗竹、绿苦竹、武夷山苦竹、三明苦

竹、福建茶秆竹、福建酸竹和四季竹等 26 种，但福建省竹子生产经营水平、单位面积产量、产值与浙江等先进省份相比有一定的差距。

1.3 经济竹种栽培历史及产业现状

1.3.1 栽培历史

中国是世界上竹子的中心产区之一，竹类资源丰富。中国人民经营竹类历史悠久，积累了丰富的经验。我们的祖先在 1 万多年以前就开始对毛竹进行了栽培利用，最先用作弓箭、农具及捕鱼和打猎等生产工具。其历史可追溯到新石器时代，有关毛竹栽培记载文字可见诸 6000 年以前的甲骨文。至夏、商时代，人们使用竹器更为普遍，用作生产工具和战争武器等种类不断增多。此期已发明用竹片刻载我国古代历史文学与各类实用技术，称为"竹简"，故有孔子读周易"韦编三绝"，秦始皇每日阅读竹简奏章 120 斤(合今 60 斤)，说明当时使用竹简已广而普及，上至国家法典刑律、宫廷记事，下至民间技艺、文学杂琐无不用竹简记之，如史称"竹刑"就是始于春秋时郑国将刊书刻于竹简上而得名的。竹子在军事上除用作战争武器外，还用于旗杆、令旗等，称秦末陈胜、吴广农民起义的壮举为"揭竿而起"即源于此。在距今 2700 年以前的西周时期，我国已形成了专门从事竹子加工的行业，至秦代发明的毛笔即以竹为管，从"笔"字本身就十分形象生动地反映了毛笔的构造，尤其晋代发明用竹造纸，从而开拓了竹材利用的新领域。随着人类文明的不断进步，社会生产日益发展，毛竹的应用越来越广泛，从农、林、牧、副、渔生产工具到水陆交通工具设施，从屋宇、亭、台、楼、阁建筑到家具、日常用具及手工艺无所不及。据不完全统计，我国古代应用的竹器至少在 1000 种以上。

毛竹竹笋营养价值高，笋体大，有"寒士山珍"之称。我国食用竹笋有悠久的历史习惯，食用和培育竹笋的历史 3000 年以上，尤其在《食物草本》中，对毛竹竹笋的食用价值、药用功效及烹调手法等都有详细记载。传统上素有"无笋不成席"之说，可见竹笋早被各阶层人士所称道。到明代，我国的竹笋加工日臻完善，笋干、玉兰片、腌笋等许多质量上乘地方产品的工艺流传至今。

竹子对我国历史文化有着深远的影响，孕育了中华民族威武不屈、虚心勤劳、奋发向上的不朽精神，同时也形成了我国独特的内涵极为丰富的竹文化。以竹为部首的汉字多达 960 个(康熙字典)，历代文人墨客对竹的赞唱歌吟多若繁星。东晋陶渊明："达峰数千里，修竹带平津。"唐王贞曰："不图结实来双凤，且要长竿钓巨鱼。"孙岘："万物中潇洒，修篁独逸群。"陈陶："啸入新篁一里行，万竿如瓮锁龙泓。""剩养万茎将扫俗，莫教凡鸟闹云门。"宋王安石："人怜直节生来瘦，自许高材老更高。"朱熹："竹坞深深处，檀栾绕舍青。""坐获幽林赏，端居无俗情。"刘敞："环城密篆旧檀乐，春笋新成几万竿。"杨万里："江西毛竿未出尖，雪中土膏养新甜。""不须咒笋莫成竹，顿顿食笋莫食肉。"欧阳修："春茶忽已衰，夏叶换初秀。万竿交已耸，千亩蔚何富。"或抒情或抒志，或描景或言用，无不为竹的气质所折腰。

对毛竹的研究，在《诗经》、《山海经》、《禹贡》等书中就有关于我国古代竹子的分布、特征、用途和价值等记载。司马迁《史记》中《货殖篇》记有“渭川千亩竹，其人富同千户侯”等，足见当时人们已充分认识到了毛竹的经济价值及栽种毛竹的好处。从汉代起，我国开始设有专门管理竹子的官员，称“司竹监”。晋代戴凯之撰写了世界上第一部竹子的专著《竹谱》，书中记述了毛竹等 70 多种竹子的形态特征、生长习性和分布范围以及有关用途等。宋代苏易的《纸谱》、宋僧高赞宁的《笋谱》等都是我国历史上较早的关于竹子利用方面的专著。此外，从宋代苏轼的《格致粗谈》，元代《王祯农书》、《月庵种竹法》，明代俞贞木的《种树书》、李时珍的《本草纲目》、徐光启的《农政全书》、宋应星的《天工开物》，至清代汪灏等的《广群芳谱》等各代著作对我国历代在竹子的分类、分布、形态、习性、用途，及竹子栽培技术、竹林经营技术、竹产品加工技术等方面的研究都有详尽记述。可以说，我国对竹类的研究，历代都处于世界领先的前列。

1.3.2　福建省竹产业现状

全国现有竹林面积 800 万 ha，是全球第一产竹大国。福建省是中国主要竹产区，竹林面积 113 万 ha，约占有林地面积的 12.6%，竹种数量有 25 属 269 种，天然分布的竹种也有 17 属 129 种。三大竹类资源(散生、丛生、混生竹)遍布全省。其中，毛竹占绝大多数，达 100 万 ha，毛竹总株数 21.23 亿株，毛竹丰产林基地面积 44 万 ha 左右，均位居全国第一。除毛竹外，丛生竹如绿竹、麻竹，混生竹如苦竹、茶秆竹等面积也达 16.02 万 ha。另外，还有相当部分的雷竹、黄甜竹、高节竹、青皮竹、方竹等一批优良高效竹种得到大面积培育和开发利用。竹类资源大多在闽西北，占全省 80%。全国 30 个竹子之乡中福建占有 6 个，分别是建瓯市、顺昌县、尤溪县、永安市、武夷山市、沙县。闽东福安市和闽中尤溪县建成大面积的绿竹笋用林基地，闽南漳州市建成全国规模最大的麻竹笋用林和加工生产基地。分布面积最多是南平市，有 45 万 ha，15 属 129 种竹。其中，毛竹林 42 万 ha，小径竹面积 3 万 ha。

福建竹类种质资源非常丰富，各地都建有集观赏、生产、繁殖、科研及旅游等于一体的竹子专类园，目前全省各地已建立中小规模的竹种园 10 多个，较大规模的竹子专类园有福建农林大学百竹园、华安竹种园、永安大湖竹种园、龙岩观赏竹种园、来舟竹种园、泰宁百竹园等，在建的顺昌观赏植物园内也设立一个竹种园。福建农林大学百竹园是目前种类最多的竹种园，竹种达 416 种，其中观赏竹种就有 120 种；华安竹种园是全国面积最大的竹种园，引种有 320 多种。此外，还建立一个拥有 200 种的全国观赏种类最多的竹种基因库，研究和建立竹类种质资源 DNA 指纹图谱库，建成优良绿竹地理种源试验及优良农家品种资源库，建成麻竹地理种源试验、优良种源选择与优良农家品种资源库，建成毛竹地理种源试验、优良种源品种资源库，建成竹类植物标本室等。

2018 年全国竹业总产值 2456 亿元人民币，出口创汇数十亿美元。我国竹材加工企业达 2 万多家，年产值 5000 万元以上的竹加工企业 1000 多家。2018 年福建省竹业总值达 666 亿元，其中加工产值 450 亿元，竹产业总产值仅次于浙江位居第二，竹产业产值占全省林业总产值 20%左右。全省目前年产竹材达近 9 亿根，小径材产量 50 吨，鲜笋产量 300 多万吨，丰产竹林示范基地效益千元以上。全省有竹加工企业 3200 多家，产值在 1 亿元以上近 25 家，产值在 1000 万元以上的加工企业 230 多家，除清水笋、笋干、土纸、竹筷、竹席等传统产品外，竹水泥模板、竹地板、竹快餐盒、高档竹家具、竹炭、即食笋系列等大宗新产品也不断增加。另外，高科技产品竹纤维复合材料、纳米改性竹炭光触媒材料、竹黄酮素等成功研发和推广，并实现产业化。据统计，全省竹胶板年产量 100 万立方米以上，竹地板年产量 2000 多万立方米，清水笋年产量近 75.6 吨，软包装笋 21 吨，竹浆 20 万吨以上，笋竹产品涉及十几个系列，300 多个种类。至今全省有 100 多个产品在历届中国竹文化节、竹藤产品交易会上获金奖。

竹子生长快，产量高，效益大，一年多次收获，可持续更新经营。福建省是竹子的主要产区，自然条件适合竹子生长，种类多，自然优势明显，竹类资源数量居全国之首，特别是闽西北地区分布 80％竹子资源，很多竹种的经济开发价值很高。近几年福建的竹产业发展很快，依托自然资源优势，不断提升笋竹加工能力，竹业成为福建省最具发展潜力的产业之一，也是发展最快的产业。2018 年竹业总产值达到 666 亿元，居全国第二，是广大山区林农提高收入，生活奔小康的主要致富之路。

思考题

1. 中国竹子天然分布分哪几个区？
2. 福建省竹子资源状况如何？
3. 请简述福建省竹产业现状。
4. 竹子生长有何特点？
5. 简述我国竹子栽培历史。
6. 竹子栽培有何意义？
7. 福建省竹子分成几个区？各区的生长特点如何？
8. 请分析我国长江—南岭、戴云山混生竹区的环境特点及竹林生长现状。

第 2 章

经济竹种形态特征及理化性质

竹子是多年生常绿单子叶植物，属禾本科、竹业科（即属单子叶植物纲的颖花目，在目以下为禾本科的竹业科）。通常有乔木、灌木，也有藤本，极少数秆形矮小、质地柔软而呈草本状。竹子不易开花，其繁殖主要是通过营养体的分生来实现的，经济竹种构造特征与一般树木差别很大。福建省是主要的经济竹种产区，种类多，资源丰富。

本章主要介绍竹子形态、理化性质，为进一步了解竹子的用途及筛选、识别竹种奠定基础。

2.1　经济竹种的形态特征

2.1.1　地下茎

指竹子生长于地下的茎。包括秆基、秆柄、竹鞭、假鞭。秆基和秆柄合称竹头或竹蔸。茎与根的区别是：茎有节而根无节，一般树木也一样，只是不明显，实际上长叶处就是节。

1. 组成部分

(1)秆基：节间极短缩，每节生根（形成竹蔸根系），每节具芽（合轴型及混生型的芽可萌笋成竹）。

(2)秆柄：在秆基下，节间短缩，无根无芽，合轴型秆柄是连接母竹秆基的部分，单轴型秆柄是连接竹鞭的部分。

(3)竹鞭：单轴型和混生型具有地下横向生长的茎，称为竹鞭。节间较地上茎短，每节生根（形成竹鞭根系），每节具芽，芽可萌笋成竹，也可萌鞭笋，长新鞭。

(4)假鞭：部分合轴型竹种的笋（秆基上）在地下横向生长一定距离后才成竹，形成了延长的秆柄，称为假鞭（无根无芽，可与竹鞭区别）。

2. 地下茎类型

根据地下型的分生繁殖特点及形态特征，可分成以下四大类型。

(1)单轴散生型：具有地下横向生长的竹鞭，鞭节生根，每节着一芽（交互排列）。鞭上的芽有的长新鞭，有的萌笋成竹，地上竹稀疏散生。如刚竹属、唐竹属、方竹属。根据竹鞭分布深度可分为：

深鞭类：30～60 cm，如毛竹。

浅鞭类：30 cm 左右，如刚竹、淡竹、白哺鸡竹、桂竹。

(2)合轴丛生型：不具竹鞭，秆基每节生根，每节着一芽（各芽交互排列），芽萌笋成竹，秆柄短，地上竹为丛生。如簕竹属、绿竹属（绿竹）、慈竹属、思劳竹属、单竹属、牡竹属（麻竹）。

(3)合轴散生型：与合轴型相似，唯秆柄延伸（形成假鞭），地上竹为稀疏散生。如箭竹属、玉山竹属。

(4)复轴混生型：兼有单轴型和合轴型的特点，即竹鞭芽能萌笋成竹，秆基上的芽也能萌笋成竹，地上竹既有散生也有丛生的竹。如苦竹属、茶秆竹属、箬竹属。见图 2-1。

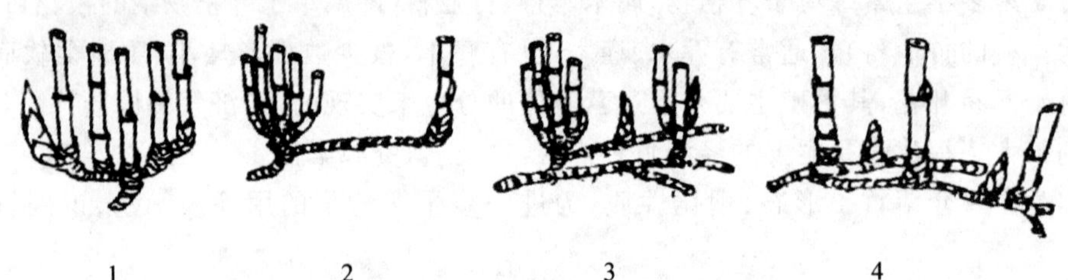

1. 合轴丛生　2. 合轴散生　3. 复轴混生　4. 单轴散生

图 2-1　竹类地下茎类型

2.1.2　地上茎(竹秆)

指生长于地上的茎。包括竹秆和枝叶等。

1. 竹秆

(1)组成：由节、节间组成。

①节

秆环：居间分生组织停止生长后留下的环痕。

箨环（鞘环）：竹箨脱落后留下的环痕。

节内：秆环与箨环之间。

芽：节内具芽，各节的芽互生，一节只长一芽，可萌发为侧枝。

竹子节数（包括秆基、秆柄的节数）因竹种而异，毛竹有 70 多节，麻竹、绿竹有 60 多节，小型竹只有 10 多节。

②节间：两节之间的部分。

节间长度因竹种而异，有的可达 1 m（粉单竹），有的仅几厘米（罗汉竹）。

竹子高生长靠顶端分生组织和居间分生组织（笋期靠顶端分生组织，笋出土后靠居间分生组织——节间基部组织），而一般树木靠顶端分生组织。

(2)形状：竹类秆形多种多样。

①圆形（或着枝侧具凹槽）：毛竹、麻竹、绿竹等。

②方形：方竹。

③扁形。

④半圆形：矮竹。

⑤算珠形：佛肚竹、罗汉竹等。

⑥斜节型(龟甲型)：龟甲竹。

(3)大小及壁厚

大小：粗大的竹子胸径可达 20 cm，如毛竹、麻竹。细小的仅几毫米，如矮竹。

壁厚：对整个粗度比例而言，几乎实心，如实心苦竹、实心茶秆竹等；壁薄如纸，用手稍加压即破，如思劳竹。

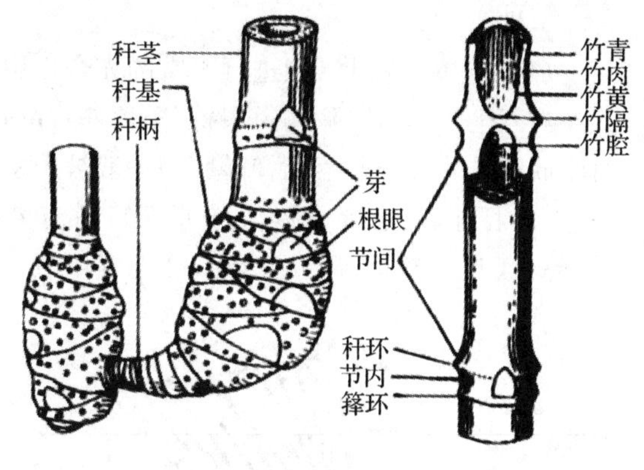

图 2-2　竹秆结构

(4)高低：高大的竹类高可达 20 m 以上，如毛竹、麻竹。目前最高的为绵竹——大麻竹，高达 30 多米。而有的仅 1 m 左右，如赤竹属、倭竹属。

2. 枝条

由节上的芽发育而成(一般竹秆中上部的芽才能长枝，簕竹属除外)。

其组成与竹秆相似，竹枝中空有节，有箨环和枝环。根据长枝的多少可分为：

(1)单枝型(1 分枝)：每节单生一枝。如箬竹属、赤竹属。

(2)2 枝型(2 分枝)：每节有 2 个分枝(实际上 2 分枝以上的，原则上只能算一根枝条，其余枝条为次生枝)。如刚竹属、异枝竹属。

(3)3 枝型(3 分枝)：每节有 3 个枝条。如少穗竹属、茶秆竹属、酸竹属、方竹属、唐竹属。

(4)多枝型(多分枝)：每节有多枝丛生。如簕竹属、绿竹属、苦竹属、牡竹属。

此外分枝级数也不同：茶秆竹属一般只一级分枝，有的可能有二级分枝，倭竹属只有一级分枝，刚竹属有 3～4 级分枝，苦竹属有多级分枝。见图 2-3。

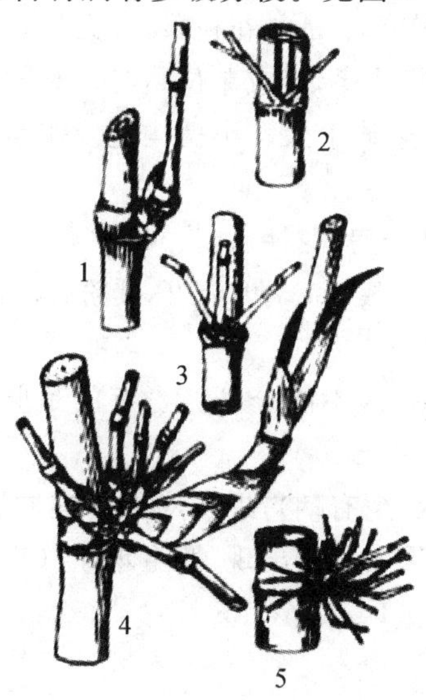

1. 1 枝型　2. 2 枝型　3. 3 枝型　4. 多枝型(具主枝)　5. 多枝型(无主枝)

图 2-3　竹类分枝类型

3. 叶

(1)枝叶(正常叶):能进行正常的光合作用,着生在分枝的最后一级小枝上。一般以二列式左右互生 2～3 枚(除井冈寒竹、倭竹外),每叶由叶鞘、叶片、叶耳、叶舌、縫毛等几部分组成。竹叶脱落是叶片先脱落,后叶鞘,而一般被子植物是叶鞘和叶片一起脱落。如图 2-4。

(2)秆叶(变态叶、箨,俗称笋壳):适应繁殖的变态叶,不是光合作用的主要器官,由箨鞘、箨片(叶)、箨耳、箨舌、縫毛、纤毛等组成。如图 2-5。

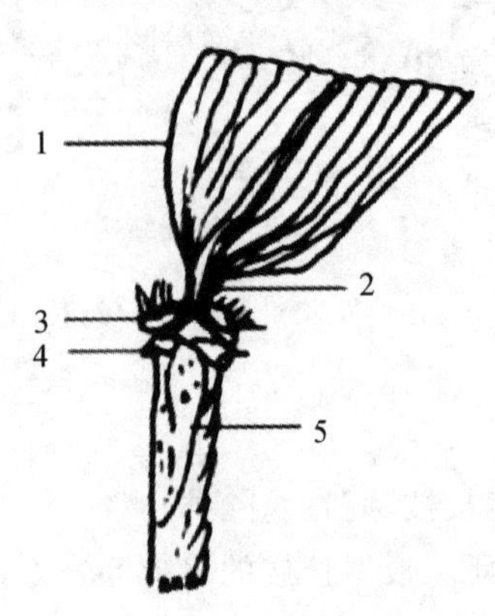

1. 叶片　2. 叶柄　3. 叶耳　4. 叶舌　5. 叶鞘

图 2-4　竹类正常叶构造

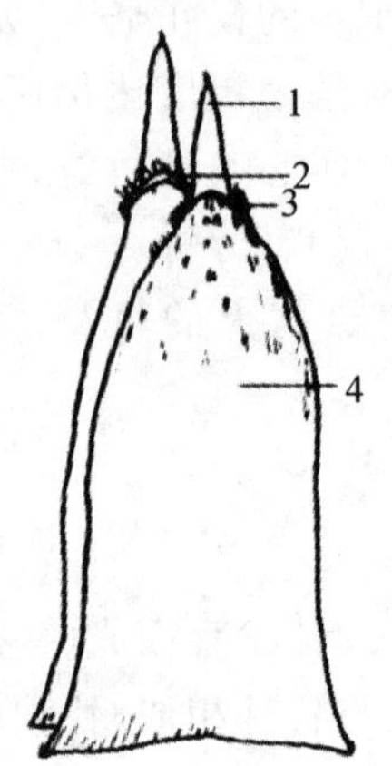

1. 箨叶　2. 箨舌　3. 箨耳　4　箨鞘

图 2-5　竹类箨的构造

箨是竹类植物分类的主要依据,有箨耳,箨耳越大,离箨片越远,说明该竹种越进化。

4. 花

(1)花序:小穗在花序轴上的排列顺序。组成单位是小穗。分为:

真花序:单次发生的花序。小穗有柄,较细,一般无苞片,比较进化。

假花序:数次发生的花序(实际上是具花枝条)。无柄,肥大,有苞片,比较原始。

(2)小穗:实际上是一个穗状花序,组成单位是花。有的竹种每小穗仅一朵花(思劳竹),刚竹属有 2～6 朵花,唐竹属可达数十朵。小穗构造及组成由小穗柄、颖片、稃片(内稃、外稃)等组成。

(3)花:由鳞被、雄蕊、雌蕊(子房、花柱、柱头)组成。

竹类雄蕊不是 3 个就是 6 个。授粉时稃片张开,授粉后合起来形成果实(竹米)。如图 2-6。

5. 果

一般为颖果(果皮和种皮黏合,不能分开),也有的是坚果(金佛山方竹)、浆果(梨竹)、囊果。

果实内含有一个种子,无柄(少有柄),果实成熟时连同颖片、稃片一齐脱落。胚生活期较短,某些竹种甚至无休眠期,果实还会出现“胎生现象”(果实脱落前萌发),“十花九不孕”。

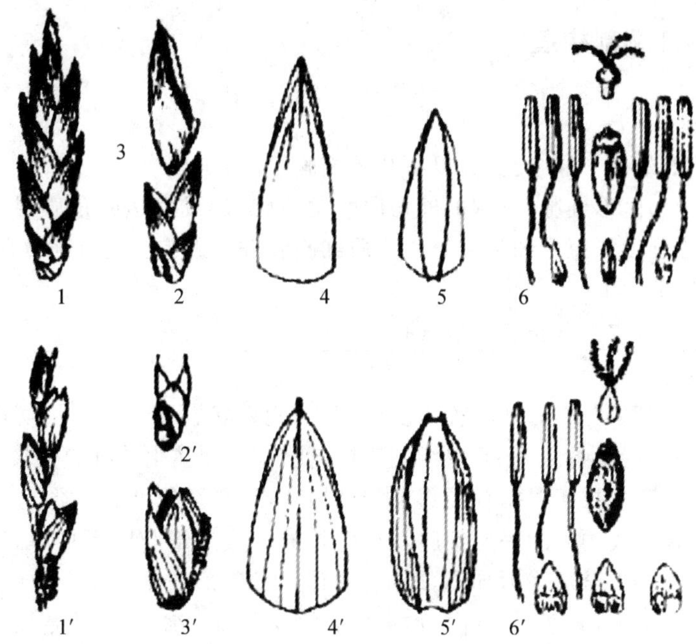

1. 无限花序的分枝，即假小穗　1′. 有限花序的分枝，即小穗　2. 1 的基部，示前出叶、茎片及空颖　2′. 1′的基部，示前出叶　3、3′. 小花　4、4′. 外稃　5、5′. 内稃　6、6′. 花的组成部分：鳞被、雄蕊、雌蕊和果实

图 2-6　竹类花的构造

2.2　经济竹种竹材构造

2.2.1　竹材构成(横断面)

竹材由竹青、竹肉、竹黄、笛膜等构成。见图 2-2。

1. 竹青

竹壁外侧，组织紧密，质地坚韧，表面光滑，外表常附一层蜡质，常含叶绿素(所以幼秆常绿色)，老年常因叶绿素变化破坏而呈黄色或其他色。

2. 竹黄

竹壁内侧，组织疏松，质地脆，一般呈黄色(不含叶绿色)。

3. 竹肉

竹青与竹黄之间，由纤维、维管束和基本组织构成。

4. 笛膜

竹黄内侧有薄膜或层片状物附着，即为笛膜或竹衣。

2.2.2 内部解剖构造

1. 表皮细胞

表皮是竹壁的最外一层细胞，由以下几种细胞组成。

(1)长形细胞和短形细胞：细胞的外切向壁角质化，形成发达的角质层并具有坚硬的矿质突起，加强表面硬度。短形细胞又分为栓质细胞和硅质细胞。毛竹硅质含量高，造纸时应去硅，否则折性就差。

(2)气孔器：在表皮上分布有少数气孔。

2. 皮层细胞

表皮之内无维管束分布的部分称为皮层，其细胞柱状、纵向排列，横切面上呈椭圆形或矩形。一般散生竹、混生竹由2～5层细胞构成，壁较厚，而丛生竹细胞壁较薄。生产上所称的竹青包括了表皮和皮层。根据存在部位和结构特点，可区分以下几类。

(1)外皮层：指表皮内方的一层细胞。丛生竹的外皮层细胞壁不加厚，散生竹外皮层细胞壁除内切壁不加厚外全部强力加厚，即形成内向“C”字形加厚。

(2)周缘纤维组织：指外皮层内方的1至数层细胞，细胞壁明显加厚，是一种机械组织。

(3)皮层薄壁细胞：是皮层中数量最多的细胞。外接周缘纤，内接环内皮层，细胞较大，薄壁，具有贮藏、横向运输等作用。

(4)气腔：由皮层薄壁细胞经裂生作用形成通气组织，气腔的形成与竹类多雨多湿的环境有关。

(5)环内皮层：指外接皮层薄壁细胞并围绕在内皮层外方的1至多层细胞。其细胞由外向内逐渐变小为球形、扁球形或多角形等。

(6)内皮层：为皮层的最内层。内皮层结构上最特殊之处是细胞壁极度加厚。

3. 基本组织、维管束

基本组织在皮层以内由一些多角形薄壁细胞组成，而维管束星散在基本组织上。基本组织的细胞在竹壁横切面上，由竹青面到竹黄呈现着小一大一小的变化趋势。一般维管束由外围的维管束鞘和内部的木质部、韧皮部构成。

2.3 经济竹种竹材的理化性质

2.3.1 物理性质

1. 竹材容重(比重)

即单位体积的重量。一般为0.6～0.8 g/cm^3，越大，竹材质量越好。取决于维管束密度、含水量等。不同竹种、不同年龄、不同部分竹材容重不同。

(1)竹种:刚竹属(0.772)>茶秆竹属(068)>箣竹属(0.638)>单竹属(0.595)>慈竹属(0.588)>方竹属(0560)>思劳竹属(0.497)。

(2)年龄:年龄增加容重增大,到一定时间后又开始下降。如毛竹 1～6 年,容重与年龄成正比;6～8 年,稳定在最高水平;大于 8 年,反而下降。

(3)部位:梢部大于基部,节部大于节间,竹青大于竹黄。

2. 含水率

竹材所含水量与绝对干材重量的百分比。

(1)年龄增加,含水率减少。

(2)基部>梢部。

(3)竹青>竹黄。

3. 收缩率(干缩率)

竹材失水后,各方向的收缩程度不同,一般纵向不收缩,而弦向(周长)收缩较大(容易开裂)。

(1)年龄增加,收缩减少。

(2)弦向大于纵向(即竹材易变细,但不易变短)。

(3)竹青>竹肉>竹黄(竹秆易破裂)。

4. 力学性质

力学性质比木材好,劈裂性好。抗拉强度约等于木材的 2 倍,抗压强度约等于木材的 110%。

单位重量的抗拉强度约等于钢材的 3～4 倍(钢材抗压强度为竹材 2.5～3 倍,但竹材比重仅 0.6～0.8,而钢材比重为 6～8)。如古代墙壁内夹有竹片(相当于钢筋),房子不易倒。

(1)年龄增加,强度增强,到一定年龄后反而下降。

(2)竹材上部>下部(上部维管束密)。

(3)竹青>竹黄(竹青维管束密)。

(4)节间>节部(节部维管束分布弯曲不齐)。

(5)立地差的>立地好的(不明显)。

(6)小径材>大径材。但大径材断面大,承受总压力大。

2.3.2 化学性质(成分)

竹材的化学成分,除了主要成分纤维素、木质素和戊聚糖外,还有溶液抽提物和灰分。

1. 纤维素

是竹材细胞壁的主要结构成分之一,为具胶体特性的高分子聚糖,占 40%～60%。分甲、乙、丙三类,分别占 70%～80%、20%～25%、1%～5%。含量随竹种、年龄而不同。

(1)箣竹属(52.72%)>慈竹属(49.91%)>刚竹属(47.26%)。如毛竹的纤维素含量 44.46%,刚竹为 46.50%,淡竹为 47.88%,撑篙竹为 55.77%,箬竹为 39.70%。

(2)年龄增加含量减少,如毛竹嫩竹(75%)>一年生(66%)>三年生(58%)。

竹材或其他纤维素在由菌类、微生物、原生动物等产生的酶的作用下,发生降解、酶解作用的结果对纤维素的聚合度影响不太大,而对材料的强度和重量的损失影响很大。

2. 半纤维素

通常是指竹材中多缩戊糖(95%),及少量多缩甘露糖、多缩半乳糖等。

一般在14%~25%,含量多造纸拌浆容易,纸质好,但也是虫蛀的主要食料。

(1)刚竹属(23.21%)>慈竹属(20.53%)>箣竹属(19.31%)。如毛竹为22.73%,淡竹为23.06%,刚竹为22.37%,撑篙竹为16.19%。

(2)年龄增加含量减少。如毛竹二年生为24.90%,四年生的为23.65%。

半纤维素在酸性条件下易水解,在较强的碱性条件下,发生碱性水解反应。

3. 木质素

为高分子的碳水化合物,是纤维细胞壁组成部分(多,竹材硬厚),一般为16%~34%。多对造纸不利,竹材很硬,纸质差,一般可用氯气溶化木质素(故造纸厂会闻到氯气味)。不同种类木质素含量不同,如撑篙竹为16.19%,毛竹为26.41%,淡竹为33.40,青皮竹为20.19%。年龄增加,木质素含量也增加。如毛竹二年生的含量为44.1%,四年生的为45.5%。

木质素是热塑性高分子,有相当宽的软化点,既能与亲电试剂反应,也能与亲核试剂反应,还能与某些氧化剂发生氧化反应。

4. 多种浸提成分

竹材中除含有纤维素、半纤维素和木质素外,还有一定类型和数量的浸提物质,如糖(2%)、脂肪(2%~5%)、蛋白质(1.5%~6%)、淀粉(2%~6%)。

一般嫩竹、生长季节竹材糖分含量大于老竹、休眠季节。

5. 灰分

竹材中各元素组成(竹材烧后留下就是灰分),含量1.1%~3.4%。不同竹材含量不同,如毛竹为1.44%,淡竹为1.74%,麻竹为2.14%。竹材中的灰分含量随年龄增加而逐渐增加,特别是二氧化硅含量增加较大。

以上各种化学成分中,1~4种是光合产物形成,5种主要从土壤中吸收。

本章小结

竹子的繁殖主要靠地下茎。地下茎包括秆基、秆柄、竹鞭、假鞭等,地下茎类型可分为单轴散生、合轴丛生、合轴散生和复轴混生等。地上茎包括竹秆和枝叶。不同竹子竹秆形状、大小、壁厚薄差别很大,竹秆上的枝条分枝数及形态也不尽相同。箨是竹子的变态叶,是竹子分类的主要依据。竹子一生只开一次花,开花结果后竹子因养分消失殆尽而亡。竹子力学性质比木材好,劈裂性好,抗拉、抗压强度均比木材好。竹材内含有纤维素、半纤维素、木质素及多种糖分,是造纸的好材料。

思考题

1. 竹子地下茎分哪几个类型?各类型有何特点?
2. 请列举散生竹的竹种名称(5种以上)。
3. 竹秆结构分哪几部分?
4. 竹子的物理力学性状与木材比较如何?

第3章

经济竹种种类识别

经济竹种种类繁多，很多竹种特征相近，为准确识别竹种造成很大的困难。本章主要介绍各竹类竹种主要识别特征、用途及分布等基础知识，便于为各地区选择适宜的经济竹种造林，并采取合理的栽培技术措施提高竹子的产量提供合理的依据。本章着重介绍福建省主要经济竹种的分类常识、竹种基本特征。

福建经济竹种分属特征区别如表3-1。

表3-1　福建竹子分属检索表

1. 地下茎合轴型
 2. 地下茎合轴散生 ………… 玉山竹属(3～7分枝)
 2. 地下茎合轴丛生
  3. 小穗含花1～2朵
   4. 有窄长箨耳，节间表皮有硅质突起，秆柄略长，竹丛不紧密 ………… 思劳竹属(多分枝)
   4. 无箨耳，节间表皮无硅质突起，光滑，秆柄很短，竹丛密 ………… 条竹属(多分枝)
  3. 小穗含2朵以上至多花
   5. 小穗轴明显，易逐节断
    6. 箨片基部窄，不及箨鞘顶端1/2 ………… 单竹属(多分枝)
    6. 箨片基部宽，至少大于箨鞘顶端1/2
     7. 小穗轴节间较长，外方可见及，叶小型至中型 ………… 簕竹属(多分枝)
     7. 小穗轴节间较短，外方不可见及，叶大型至中型 ………… 绿竹属(多分枝)
   5. 小穗轴不明显，不易逐节断
     8. 有鳞被 ………… 慈竹属(多分枝)
     8. 无鳞被 ………… 牡竹属(多分枝)
1. 地下茎单轴型或复轴型
     9. 假花序
      10. 小穗苞片小或无
       11. 雄蕊6个 ………… 大节竹属(3分枝)
       11. 雄蕊3个 ………… 唐竹属(3分枝)
      10. 小穗苞片大
       12. 每节2分枝 ………… 刚竹属(2分枝)
       12. 每节3或3以上分枝
        13. 竹秆节上有气生根刺，尤以下部明显 ………… 方竹属(3分枝)

13. 竹秆节无气生根，矮小，每枝 1 叶 …………………………… 矮竹属(3～7 分枝)

9. 真花序

14. 每节 1 分枝(末端数节除外)分枝与秆粗细相当

15. 雄蕊 3 个 …………………………………………………………… 箬竹属(1 分枝)

15. 雄蕊 1 个 …………………………………………………………… 赤竹属(1 分枝)

14. 每节 2 或 2 以上分枝

16. 雄蕊 6 ………………………………………………………………… 酸竹属(3 分枝)

16. 雄蕊 3

17. 每枝 1 叶、少 2 叶 ………………………………………… 井冈寒竹属(多分枝)

17. 每枝多叶

18. 小穗 1～3，每小穗花极少 ………………………………… 少穗竹属(3 分枝)

18. 小穗 3 以上，每小穗含较多花

19. 分枝 1～3，秆节上无或少有箨基残留物贴秆 ……………………… 茶秆竹属

19. 分枝 3～9，秆节有箨残留物，具木栓质，分枝角度大 ……………… 苦竹属

3.1 丛生竹种识别

3.1.1 泰竹属(条竹属)

不是本地的，泰国引进。大部分竹秆是圆形(所以不耐寒)的，但也有少量凹槽(较耐寒)，常见 2 种：大泰竹、泰竹。福建省引进一种。

图 3-1 泰竹

泰竹(条竹、南洋竹、实心竹)：

合轴丛生，很密集，中、大型竹，秆圆形，壁很厚，秆柄特短(秆丛密)；秆箨宿存，箨鞘长，质薄，被细白纤毛；箨片窄长，无箨耳及繸毛；假花序，小穗含花少(0～4 朵)，鳞被 3 个，雄蕊 6 个；不耐寒。

用途：竹姿优美，观赏，用作钓鱼竿、伞柄、农具、造纸及农村建筑用材。

分布：泰国、我国南部。广东、广西、福建引种。

3.1.2 箣竹属

合轴丛生，有大、中、小型竹(甚至藤状)，秆圆形，多分枝簇生，主枝常发达，基部小枝退化

成刺(大部分种);秆箨较迟落,箨鞘厚革质至硬纸质;箨片常直立,三角状,基部较宽(与鞘顶等宽);箨耳一般发达,箨舌稍发达;假花序,头状花穗,雄蕊 6 个,鳞被 3 个,小穗含花 4 朵以上;叶片小型、中型,少大型;不耐寒。约 70 种,我国 30 多种,福建 18 种、9 变种、3 变型。现介绍经济价值较大 9 种。

1. 花竹

大型竹,节间长 25～60 cm,壁薄,秆基部几节具浅黄色条纹,秆下部的箨痕环生一圈灰白色绢毛,竹秆无毛;秆箨革质,背部被暗棕色贴生刺毛;箨耳不等大(大者椭圆形,小者常与箨片相连),较小,有繸毛;箨片三角形,长约为箨鞘长的 1/2,宽约为鞘顶宽 5/7,稍作心形收缩。

用途:篾性好,笋可吃,作观赏、绿篱等。

分布:广东、福建(漳州等地区较多)。

2. 撑篙竹

大型竹,节间长,秆直,壁厚,秆基部有浅黄色纵条纹,幼时被白粉和易落白色细毛,节上环生灰白色毛环;秆箨背面具浅黄色绒毛;箨耳大小不等,箨舌高 2～5 mm;分枝习性低且坚挺,叶片长披针形,背面密生短柔毛。

用途:竹材坚实挺直,作棚架、撑篙、农具、家具、建筑用材,也可劈篾编织竹器;节间去皮刮下中层为"竹茹",可入药(清热,治吐血和小儿惊病)。

分布:广东、广西、福建。

3. 孝顺竹

中、小型竹,节间长 20～40 cm,幼时被白粉及浅棕色小刺毛;分枝簇生(主枝不明显);箨鞘厚纸质,硬脆,无毛,被白粉;箨鞘为节间的 1/4～3/4;箨片基部几与鞘顶同宽且下延;箨耳缺如或甚小,边缘疏生细刚毛;箨舌高 1～1.5 cm,全缘或微有细齿裂;叶片披针形,下面密生短柔毛;较耐寒(此属中最耐寒)。

用途:秆材坚韧,可劈篾编织,代绳捆脚手架;是造纸好材料;作绿篱、庭园观赏。

分布:长江以南各省,福建省闽南较多,闽北较少。

图 3-2　花竹

图 3-3　撑篙竹

图 3-4　孝顺竹

4. 青皮竹(篾竹、山青竹、地青竹、小青竹)

中型竹,顶梢细长略下垂,节平,节间长,壁薄,幼时被白粉及倒生刺毛;箨鞘厚革质,光亮,幼时紧贴柔毛,长为节间 1/3;箨片基部略小鞘顶,心形收缩;每小枝具叶 8～12 枚,叶披针形。

图 3-5　青皮竹

用途:篾性特好(可劈成头发丝细,纤维坚韧,节平而疏),可编织各种工艺品、竹器;纤维长,也是造纸好原料,整秆可作家具。

分布:广东、广西、福建(南靖、漳平、福州、南平等),一般在路旁、水边。浙江、江西有引种。

5. 黄竹

与青皮竹相似,不同在于秆节间及秆箨无毛,秆高可达 9～10 m,径 5～6 cm。

6. 长毛米筛竹(椽竹、禄竹、温州水竹)

中型竹,梢细长稍下垂,壁较薄(比青皮竹厚些),幼秆被白粉及小刺毛;秆箨厚革质,背密被棕色刺毛。其余与青皮竹同。

7. 藤枝竹

中、大型竹(5～10 m,4～5 cm),尾梢略下垂,节间长 35～50 cm,下部多少呈之字形曲折,幼竹被白粉,贴生暗棕色刺毛;先端为极宽的弧拱形或近截形;箨耳不等,有繸毛(小耳约为大耳的 1/3～1/4);箨片直立,不对称三角形,心形收缩;箨舌高 2～3 cm,边缘细齿裂,被短流苏状毛;叶耳狭卵形至镰刀形,边缘被长刚毛;叶片线形(9～17 cm,1.2～3.0 cm),背面密生短柔毛。

用途:秆材柔韧,劈篾性好,可编制竹器、竹凉席(竹凉席为闽南著名的地方特产);是造纸好材料。

分布:福建闽南较多。

8. 长枝竹

大型竹(10～20 m,5～13 cm),节间长 25～50 cm,幼时密被白粉(老年白粉变黑),无毛;箨环下具一圈棕色毛环;秆箨黄绿色,厚革质,背面幼时密生黑色小刺毛,后无毛或近无毛;箨耳发达,大小不等,卵状长圆形,向外翻转,边缘波折状,繸毛长约 1 cm;边缘具小纤毛;枝条长(而称之);箨舌高 2～2.5 mm,箨片三角状,直立;每小枝具叶 8～14 枚,叶长 12～20 cm,宽 1.4～2.2 cm。

用途:观赏价值高,也可作防护林带,劈篾编制米筛、竹箩、畚箕等农具。

分布:福建(永春、福州、厦门)、台湾的丘陵山地、溪河沿岸(永安龟山公园有引种)。江西、浙江南部有栽培。

9. 硬头黄竹

中型竹(6～12 m,2～6 cm),节间长 30～50 cm,节平,幼时被白粉,无毛,壁较厚,主枝明显;秆箨灰绿色,背面具脱落性小刺毛;箨片直立,三角状或卵状三角形,箨片与箨耳相连;箨耳半圆形,大小不等,有长繸毛;分枝角度成 45°左右;每小枝具叶 5～12 枚,叶片矩形(7～25 cm,1～3 cm),腹面深绿色,无毛,背面粉绿色细柔毛;笋期 7—9 月。

用途:竹材坚厚,可作撑篙、棚架、农具柄,也是造纸好原料。笋苦不宜食。

分布:广东、广西、四川、江西、福建等山脚、路旁、河岸边。

表 3-2　箣竹属检索表

1. 秆绿色,基部数节间有黄白色条纹
  2. 秆、箨鞘无毛,箨耳两侧不等……………………………………………………………… 花竹
  2. 幼秆被小刺毛,箨鞘被绒毛,箨耳两侧不等……………………………………………… 撑篙竹
1. 秆绿色,基部各节无黄白色条纹
  3. 箨耳小或无箨耳
    4. 箨片基部与箨鞘顶部等宽且下延
      5. 植株高大(3～5 m),每枝有叶 5～10 枚……………………………………………… 孝顺竹
      5. 植株矮小,每枝有叶 10 枚以上 …………………………………………………… 凤尾竹
    4. 箨片基部比箨鞘顶部稍窄,心形收缩
      6. 秆及箨鞘无毛……………………………………………………………………………… 黄竹
      6. 幼秆及箨鞘有毛
        7. 箨鞘背面被柔毛或稀刺毛
          8. 箨鞘背面被柔毛………………………………………………………………… 青皮竹
          8. 箨鞘背面边缘被稀刺………………………………………………………………… 藤枝竹
        7. 箨鞘背面密被棕色小刺毛 …………………………………………………… 长毛米筛竹
  3. 箨耳发达,大小不等
          9. 秆箨背面幼时密被黑紫色小刺毛,秆高 10～20 m ………………………… 长枝竹
          9. 秆箨边缘有棕色小刺毛,秆高 9～12 m ………………………………… 硬头黄竹

3.1.3　绿竹属

合轴丛生,全部为大型竹,竹秆圆形,多分枝,主枝较粗长;叶子大型,秆箨早落,顶端常为圆形;箨耳小,箨片直立,宽为鞘顶宽的 1/2;假花序,圆锥状,小穗节易断,雄蕊 6 个,鳞片 3 个。有 9 种,介绍 4 种。

1. 绿竹(甜竹、毛绿竹、乌药竹、郊脚竹——台湾)

大型竹(6～10 m,5～9 cm),节间长 20～30 cm,幼秆被白粉,光滑无毛,尾梢略下弯,叶片大小差别较大;箨鞘黄绿色,厚革质,易碎,背密生棕色绒毛(细毛),后则无毛具光泽;箨耳小,繸毛纤细;箨舌矮(约 1 mm),顶端截平,边缘全缘;箨叶直立,三角形,基部与鞘顶等宽,背面无毛,腹面粗糙。

用途:笋味鲜美(俗称"马蹄笋"),是很好的笋用竹。造纸(纤维长、量多)。秆可作家具、农具,劈篾编织竹器。中层竹材刨丝可入药,有解热之效。

分布:浙江南部、台湾、广东、广西、海南、福建(最北在建瓯、顺昌、永安等),多见于河边、山谷、房前屋后。

2. 苦绿竹(扁竹)

大型竹(7～12 m,6～9 cm),节间长 20～30 cm,幼秆被白粉,有粗毛(易脱落),分枝习性较高;秆箨早落,厚革质,绿色,被白粉及棕褐色刺毛(尤以基部中央为多);箨耳小,向外翻,边缘被细刚毛,箨舌高 2 mm,细齿状;箨牌直立,三角状,腹面具刺毛;叶片长椭圆形(10～20 cm2～2.5 cm),背面密生短柔毛。

用途:笋竹两用,笋较苦,可用淘米水浸洗,竹材可制浆。

分布:在福建分布较广,主要在闽南,闽北部分县市也有广泛栽培。

3. 吊丝单(沙河吊丝单)

大型竹(5～12 m,4～7 cm),尾梢细长下垂,幼秆被白粉,贴生柔毛,基部几节有浅紫色条纹;秆箨脱落,背面无毛;箨耳小,长圆形,具短縫毛;箨舌中部高 3～9 mm,具细锯齿;箨片直立,三角状披针形;叶片线状,披针形(13～26 cm,1.6～3 cm)。

用途:笋期 5—11 月(盛期 7—9 月),略较绿竹耐寒;笋味好,产量高,可推广。秆可棚架,用作竹编工艺,也是很好的观赏竹。

图 3-6 苦绿竹

4. 大头典竹(新竹、荣竹、大头竹、马尾竹、大头甜竹、朱村甜竹——广东)

大型竹(8～12 m,6～10 cm),尾梢略下垂,幼时具白粉及毛;箨鞘背面有刺毛;箨耳小,反曲;箨舌显著,高约 5 mm;叶鞘常被毛,叶舌较长,箨鞘顶部凹状,箨片倒立(以上三种直立)。

用途:笋好吃。竹材坚硬,可用作建筑、竹排、水管,也可作观赏竹。

分布:广东、广西、香港、福建(永春、福州)有引种。

表 3-3 绿竹属检索表

1. 箨鞘背面无毛,尾梢吊丝状……………………………………………………………… 吊丝单
1. 箨鞘背面有绒毛或刺毛,尾梢略下弯
  2. 箨舌 1～2 mm 左右,箨片直立
    3. 箨鞘背面有柔毛,老则无毛………………………………………………………………… 绿竹
    3. 箨鞘背面有刺毛,老则无毛……………………………………………………………… 苦绿竹
  2. 箨舌高达 5 mm,叶舌也长
    4. 箨鞘顶端不凹陷,箨片直立或外反 ……………………………………………………… 吊丝球
    4. 箨鞘顶部深凹,箨片外反 ………………………………………………………………… 大头典竹

3.1.4 牡竹属

合轴丛生,大型竹,圆形,多分枝(主枝明显);秆箨早落,厚革质;箨耳常不明显;箨片小,大部外反;假花序,小穗头状,雄蕊 6 个,无鳞被。福建有 4 种,介绍 1 种。

麻竹(大头竹、甜竹、吊丝甜竹、青甜竹、大叶乌竹、马竹):

秆高大(25 m,8～25 cm),节间长 30～50 cm,竹秆基部几节有气根,尾梢下垂明显,幼秆被白粉;箨鞘呈圆口铲状,不凹,破碎,有棕色小刺毛;箨耳小,有稀縫毛;箨片外反,卵状披针形;箨舌高 2～4 mm;叶片大型(18～30 cm,4～8 cm);笋期 7—9 月份,不耐寒。

用途:笋味鲜美,产量高,为优良笋用竹。竹秆可扎排,作水管及建筑用材,纤维含量高,为中长纤维,可制浆。

分布:广东、广西、云南、贵州、台湾、福建(闽南多,闽北少,最北在南平、建瓯、顺昌等)、浙南、赣南有引种栽培。中亚热带南缘冬季略受冻。

3.2　散生竹种识别

3.2.1　刚竹属

单轴散生，竹种具槽圆形（个别在长枝条对侧也有凹槽），2分枝（个别第一盘也可能是1分枝）；秆箨早落，革质，有箨耳及繸毛或无；假花序，花穗头状、穗状，雄蕊3个，鳞被3个。共有85种左右，福建有37种。

1. 毛竹

地下茎单轴型，秆高10～20 m，着枝一侧有凹槽，幼秆绿色，有粉质毛；箨环有棕色睫毛，后脱落，尾梢略弯；秆箨革质，棕褐色，外被深棕色刺毛和褐色斑纹；箨耳不发达，有弯曲硬繸毛；每节2分枝，一大一小，斜出，每小枝有2～4叶；叶鞘无毛，无叶耳，鞘口有灰色繸毛，易脱落，叶片披针形。清明前后出笋。

用途：笋味鲜甜，略涩，为优良笋竹兼用竹种；竹材坚韧，用途广，其开发品种之多为所有竹种之冠。

分布：在我国面积最大、分布最广的竹种，在我国南方十几省区均有分布。

2. 刚竹（光竹、台竹、柄竹——浙江，焦竹——河南，胖竹）

中、大型竹（6～10 m，5～8 cm），节间具猪皮状穴，分枝以下秆环不明显；秆箨革质，无毛，具黑色斑点，无箨耳及繸毛；箨舌具白色纤毛，高约2 mm，箨片直立，略皱，披针形。笋期1—4月份。

用途：竹材坚实，作农具柄，搭茅棚、猪圈等小型建筑。篾性尚好，可编织农具及生活用品。造纸。笋略苦，煮或水浸后可食。

分布：长江流域一带野生或栽培（福建省栽培不多，大多为野生）。

图3-7　刚竹

3. 台湾桂竹（篓竹、棉竹——福建，桂竹——台湾，桂竹仔）

中、大型竹，幼秆具白粉，箨鞘长（可长于节间）；箨舌紫色，具紫红色纤毛。笋期4—6月份。其余与刚竹相同（4年生秆金黄色，可砍伐）。

用途：篾性很好（做篓筐及其他工艺品），竹材坚韧致密，可供建筑、造纸，用作撑秆、晒衣秆、竹椅、竹帘、伞骨、笛等。笋味鲜美，鲜食或加工为笋干及调味品。秆箨质地软，可包装茶叶，做帽子、船篷；制香心，点燃香灰为白色，为良好的香心材料（台湾）。

分布：台湾、福建（特别在东南部永泰、福州、莆田、仙游、安溪等），台湾分布最多。

4. 罗汉竹

小型竹(3～5 m,2～3 cm),秆基部几节短缩像算珠状;箨环有毛;秆箨长,无毛,具斑点;无箨耳及縫毛;箨舌极短,截平或微凸,边缘具长纤毛。笋期4—6月份。

用途:观赏,秆可作手杖、伞柄、钓鱼竿等(不宜篾用)。笋味鲜美。

图 3-8　罗汉竹

5. 黄古竹(水什竹、黄苦竹、黄石竹、沙竹)

小、中型竹(6～8 m,5 cm左右),幼秆被白粉,秆箨乳白或带黄绿色,无毛,无斑点(或稀疏斑点);无箨耳及縫毛;箨舌较发达,淡黄绿色,先端撕裂,具灰白色长纤毛(约5 mm);箨片矛状至带状,绿色,边缘淡黄色,反转。

用途:笋期4月下旬至5月。优良篾用竹(编织的工艺品为我国传统出口商品),秆可作家具、钓鱼秆。笋好吃。

分布:浙江、江苏、安徽、福建(三明、尤溪较多)。河南永城有栽培。

6. 尖头青竹

中型竹(6～9 m,4～6 cm),幼秆无白粉,秆箨绿色,具斑点,无毛,无白粉;无箨耳及縫毛;箨舌隆起,先端波状,有白色短纤毛;箨片带状,暗绿紫色,边缘黄色,平直或略皱,下垂。笋期4月份。

用途:笋味美,秆可作家具。

分布:浙江(杭州、富阳、安吉)、江苏(宜兴、南京)、福建(闽北较多三明、尤溪)、安徽(绩溪)。

7. 早园竹(园竹、焦壳淡竹、花竹——福鼎)

图 3-9　早园竹

小、中型竹(6～9 m,3～5 cm),全秆光滑,薄被白粉;箨鞘淡红褐色,光滑,无毛具斑点,有明显的肋条;无箨耳及縫毛;箨舌淡褐色,强烈拱起,具细小纤毛;箨片狭,披针形或带状。笋期4月份。

用途:笋微甜,较好吃。篾性较好(早期的雨伞),编制竹器,作柄材,搭棚架。

分布:广西、贵州、江西、浙江、江苏、河南、安徽、福建(零星分布)。

8. 石竹

小、中型竹(3～5 m,1.6～3 cm),幼时有白粉,基部几节具浅紫色条纹;箨鞘革质,柔韧,有白粉,具斑点(斑纹),有粗糙感(具硅质毛);箨舌紫色,白色纤毛,竹壁比台湾桂竹厚。笋期4月份。

用途:笋好吃(笋干是传统的出口商品——羊尾笋干),是比较好的竹种,可发展。竹材可作篱笆棚架、柄材。

分布:闽北较多(永安)。

9. 花哺鸡竹(杠竹——浙江)

中型竹(5～7 m,3～5 cm),新秆深绿色,无白粉;秆箨黄褐色偏红,斑点多,无毛;无箨

耳及縫毛；箨舌宽短，密生短纤毛；箨叶强烈皱折，两边紫红；叶耳绿色，有密集绿色縫毛。笋期 4 月份。

用途：笋好吃（箨片皱折，笋一般比较好吃），为优良笋用竹。秆作撑竿、棚架。

分布：浙江、福建（较少）。

图 3-10　花哺鸡竹

10. 乌哺鸡竹（雅竹——江苏、山东，风竹——河南，乌桩头——浙江杭州、嘉兴，墙竹——江苏，榉竹——江苏，麻哺鸡竹、鸡笋、王莽竹）

中型竹（6～12 m，8～10 cm），新秆有白粉，节间具明显的纵背条纹；秆箨无毛，具斑点；无箨耳及縫毛；箨舌短，中部强拱起，具白色短纤毛，两侧显著下延；箨叶细长，前半部强烈皱折，竹叶较长大而呈簇叶状下垂，外观醒目。笋期 4 月中下旬。

用途：笋味鲜美，为优良笋用竹。竹种壁薄而脆，可编制篮、筐等。

分布：浙江、江苏、河南、山东、福建（有野生，三明、永安、邵武、建瓯有栽培）。

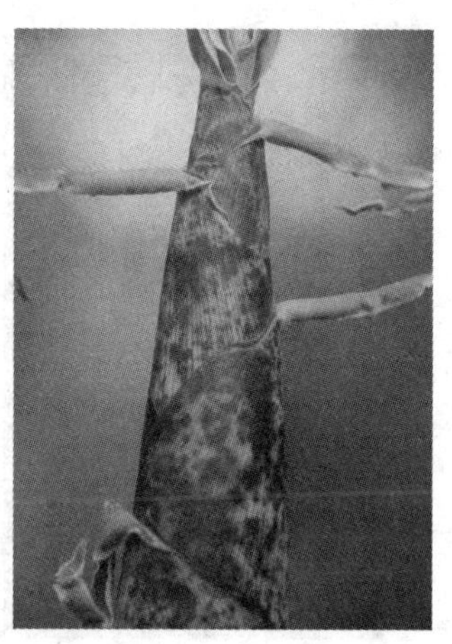

图 3-11　乌哺鸡竹

11. 早竹（雷竹、早哺鸡竹——浙江）

中型竹（7～11 m，4～8 cm），节间短而均匀，长约 20 cm；新秆节紫色，幼时厚被白粉，基部节间具浅绿黄色的纵条纹；秆箨无毛，具斑点；无箨耳及縫毛；箨舌先端拱凸，紫色具短纤毛；箨片长矛至带状，反转，皱折。笋期 2—3 月份。

用途：笋味鲜美，为高产、优质笋用竹。竹材坚韧，整秆作农用棚架、撑秆或制浆，也可作竹编。

分布：江苏、浙江、上海、安徽、福建。湖南、江西有引种。

12. 花毛竹（碧玉嵌黄金）

为毛竹的变种，秆色（叶色）为黄色（绿色），见绿色（黄色）条纹，其余与毛竹相同。（若只在凹槽有黄色或绿色条纹称为黄槽毛竹或绿槽毛竹，均为毛竹的变种。）

图 3-12　早竹

用途：是很好的观赏竹种，笋可吃。用途同毛竹。

分布：在毛竹林中偶有发现。永安天宝园。

13. 紫竹（黑竹、水竹子、乌竹、乌竹仔）

小、中型竹（4～10 m，2～5 cm），新秆（1 年生）绿色，密被白粉及毛，新箨环有毛，2 年生以上变紫黑色；秆箨黄色有毛，具斑点，箨耳发达，镰刀状，具繸毛；箨片三角形，直立，皱折。笋期 4—5 月份。

用途：优良观赏竹。竹秆作钓鱼竿、手杖、竹器及箫、笛、胡琴等乐器。笋可食用。

分布：黄河流域以南各地。北京也有栽培。

14. 红壳雷竹

中型竹（4～6 m，3～4 cm），幼时有白粉，秆箨淡肉红色，无毛，具黑色斑点；箨耳发达，镰刀状，边缘具屈曲的紫褐色繸毛，箨耳与箨片相连；箨舌近截形，中部有尖峰，具细纤毛；箨片浅灰绿色，直立或反转，长三角形。笋期 2—5 月份。

用途：笋好吃，笋期长，发笋能力强，是较有发展前途的笋用竹。秆作一般材用。

分布：浙江、福建（松溪、政和、浦城、永安等）。

图 3-13　花毛竹

图 3-14　红壳雷竹

15. 甜笋竹（了竹、乌竹——湖南，花壳竹——海南、广东）

中型竹（4～7 m，可达 5 cm），新秆密被白粉、白毛，秆间触摸有细密的纵棱；秆箨淡棕紫色，无毛，具斑点；箨耳发达，有繸毛；箨舌弧形或隆起；箨片略皱折，外反；叶片下表面密生柔毛，叶片较小，呈矛状。笋期 4 月中旬。

用途：笋鲜美（甜）。秆节较密，可作柄材用。

分布：浙江、湖南、广东、福建（松溪、顺昌、建阳、泰宁等）。

16. 白哺鸡竹（白竹——浙江富阳，象牙竹——浙江萧山）

小、中型竹（6～8 m，5～7 cm），秆基部常可见不规则的极细乳白色或淡绿色纵条纹，节部隆起明显；秆箨棕黄色，有毛，具斑点；箨耳及繸毛发达并与箨片相连；箨舌较发达，褐色，先端凸起，具细纤毛；箨片长矛至带状，反转，强烈皱折，颜色多变。笋期 4 月上旬。

用途：笋味鲜美，为优良笋用竹。

分布：浙江、闽北（野生），江苏有少量栽培。

图 3-15　甜笋竹

图 3-16　白哺鸡竹

17. 篌竹(大韧竹、扫把竹、金丝竹、笔笋竹——广东，百夹竹——四川)

小、中型竹(4～8 m，可达 5 cm)，幼秆有白粉，秆环显著隆起，小枝常仅有叶片 1 枚(初为 2～3 枚，很快脱落)；秆箨淡黄绿色，有黄色条纹，密被白粉，无斑点，下部有少量毛；箨耳特发达，三角状，有繸毛；箨片两面侧延伸与箨耳相连。笋期 4 月份。

用途：笋味鲜美，鲜食或加工笋干。竹壁薄，较脆，整秆用作编篱笆，搭菜棚架。用篾黄编虾笼(秆颜色及味甘)，用来捕虾很好。

分布：河南、山东、陕西及长江流域以南，多为野生。

18. 水竹(烟竹——广西、四川，水胖竹——浙江安吉，梨子竹——广东)

小型竹(3～6 m，1～4 cm)，节间 31～40 cm，幼秆有白粉，节隆起，枝条分枝角度大(甚至接近 90 度)；秆箨紫黄色，无毛，无斑点；箨耳较小，镰刀状，有繸毛；箨舌宽短，先端平截；箨片窄三角形，绿色，边缘紫色，直立。笋期 4 月份。

用途：笋好吃。篾性特佳，为刚竹属中最优良篾用竹，编织凉席、工艺品(出口)，也可捆扎脚手架(经久耐用)。耐水湿强，可作护岸竹。

分布：长江流域以南各省。河南、山东有栽培。

19. 实心竹(木竹——湖南，实中竹、印材竹、满心竹、肥满竹、不具竹)

水竹的变种，秆近实心，着枝正对两面侧均有凹槽，有的秆基部少数几节有不规则短缩肿胀，其余与水竹相似。

用途：笋味好，可鲜食或做笋干。秆材坚实韧性大，可作牛鞭、打枣竿，搭棚架，作手杖，也可种植作篱笆。

分布：浙江、江苏、湖南、四川、安徽等。

表 3-4　刚竹属检索表

1. 秆箨背面具斑点，花序穗状
 2. 无箨耳及繸毛
  3. 节间具猪皮状凹穴
   4. 箨舌新鲜时有白色纤毛
    5. 秆全为绿色 …………………………………………………………………… 刚竹

5. 秆绿色,纵槽黄色或秆黄色,有绿色条纹
6. 秆绿色,纵槽黄色 …………………………………………………………… 绿皮黄筋竹
6. 秆黄色,有绿色条纹和绿色环带 ………………………………………… 黄皮绿筋竹
4. 箨舌具紫红色纤毛…………………………………………………………………… 台湾桂竹
3. 节间无猪皮状凹穴
7. 秆基部几节短缩,算珠状……………………………………………………………… 罗汉竹
7. 秆正常
8. 箨舌具 5 mm 以上白色纤毛 ………………………………………………………… 黄古竹
8. 箨舌具 2 mm 以下短纤毛
9. 箨片平直
10. 箨鞘有硅质毛且具粗糙感 …………………………………………………………… 石竹
10. 箨鞘无硅质毛且无粗糙感
11. 幼秆无白粉…………………………………………………………………… 尖头青竹
11. 幼秆有白粉…………………………………………………………………… 早园竹
9. 箨片强烈皱折
12. 新秆无白粉 ……………………………………………………………… 花哺鸡竹
12. 新秆有白粉
13. 新秆微被白粉,节不呈紫色 ……………………………………………… 乌哺鸡竹
13. 新秆厚被白粉,节呈紫色 …………………………………………………………… 早竹
2. 有箨耳和繸毛或箨耳不发达,但有长繸毛
14. 箨耳小,有长繸毛
15. 秆节间一侧短缩,节交互倾斜 ……………………………………………… 龟甲竹
15. 秆正常
16. 秆全为绿色 ………………………………………………………………………… 毛竹
16. 秆、枝(叶)黄色,有绿色条纹 ……………………………………………… 花毛竹
14. 箨耳和繸毛发达
17. 新秆及箨环有毛,老秆紫色 …………………………………………………… 紫竹
17. 新秆及箨环无毛,老秆绿色
18. 箨鞘无毛,箨耳与箨片相连…………………………………………………… 红壳雷竹
18. 箨鞘有毛,箨耳与箨片不相连
19. 箨片不皱折…………………………………………………………………… 甜笋竹
19. 箨片强烈皱折………………………………………………………………… 白哺鸡竹
1. 秆箨背面无斑点,花序头状
20. 箨耳宽大,三角状,与箨片相连 …………………………………………………… 篌竹
20. 箨耳小形,不与箨片相连
21. 秆实心,着枝正对两侧均有凹槽 ……………………………………………… 实心竹
21. 秆不实心,着枝背侧无凹槽…………………………………………………………… 水竹

3.2.2 方竹属

单轴散生,大部分为小型竹,少部分中型,极少部分大型;大部分秆圆形,少部分秆方形;3 分枝,基部节间具刺瘤状根或气根刺;箨鞘纸质很薄,具斑纹,无毛;无箨耳,箨叶极小;假

花序，雄蕊 3 个，鳞被 3 个。

1. 方竹(箸竹、四方竹、四角竹、方苦竹、标竹)

小、中型竹(3～8 m，1～4 cm)，节间长 8～22 cm，基部秆方形，秆环明显，具硅质毛，气根刺明显；秆箨斑点较少，纸质至革质；叶片披针形或窄披针形(10～20 cm，1.5～2.5 cm)，无毛，中脉背面隆起，小横脉明显。笋期 6 月至翌年 2 月。

用途：笋味可口(含单宁低，生食味好)。可作手杖、工艺品，秆下方上圆，观赏价值高(世界著名珍种)，也可盆栽。

分布：浙江、江西、湖南、四川、广西、福建。

2. 刺黑竹(文谦竹、刺刺竹、牛尾竹)

中型竹(可达 8 m，5 cm)，秆圆形，无毛，分枝下各节气根刺发达；箨鞘长于节间，浅紫色，薄纸质，宿存，有白色斑点，具小刺毛；叶片较大(19 cm，2 cm)。笋期 9 月下旬至 10 月上旬。

用途：笋生吃味道好。造纸。秆作各种柄、竿及搭楼棚用。也可观赏。

分布：四川、陕西、湖北。福建省三明(岩前)有栽培。

图 3-17　方竹

图 3-18　刺黑竹

3.2.3　酸竹属

单轴散生，中、大型竹，也有小型竹，长枝侧具凹槽，3 分枝(上部可 5 枚)；秆箨早落，厚革质；叶片大小变化较大；真花序，小穗粗壮，圆锥或总状花序，雄蕊 6 个，鳞被 3 个。有 4 种，福建省都有，介绍 2 种。

1. 黄甜竹(黄间竹)

中、大型竹(8～12 m，6～7 cm)，节间长 25～40 cm，幼秆无毛，无白粉，具猪皮状凹穴；秆箨无斑点，具稀刺毛；箨耳镰刀状，具短繸毛；箨舌 4～5 mm，中部隆起有尖锋，边缘具纤毛，箨片外反或直立，主次分枝近相等；叶片阔披针形(11～18 cm，1.7～2.8 cm)。笋期 4—5 月。

图 3-19　黄甜竹

用途：笋质很好（甚至比早竹好），并可加工成笋干。秆可作撑篙、棚架。造纸。可发展。

分布：江西、福建（福州、南平地区较多）。浙江有栽培。

2. 福建酸竹（斑箨酸竹）

中型竹（6 m，1.5～2 cm），节间最长达 30 cm，幼秆有白粉，箨环具柔毛和木栓质残留物；箨鞘革质，被白粉，背面有斑点，具稀疏刺毛；箨耳小，半圆形，边缘具粗刚毛；箨舌高约 2 mm，边缘有短纤毛；箨片线状披针形，外反，两面被疏柔毛，每小枝具 3 枚叶（15～20 cm，1.5～2.4 cm）；无叶耳及繸毛，叶舌极发达。笋期 6 月份。

用途：笋质好，是很好的笋用竹，可发展。

分布：福建（南平地区较多）。

3.2.4　少穗竹属

单轴散生或复轴混生，长枝侧有凹槽，3 分枝，广开展，主枝不明显；秆箨早落，薄，革质或厚纸质；箨耳及繸毛不发达；真花序，总状，每花序小穗很少，每小穗含花只 2～3 朵，雄蕊 3 个，鳞被 3 个。有 9 种，福建 7 种，介绍 3 种。

图 3-20　肿节少穗竹

1. 肿节少穗竹（肿节苦竹、肿节竹、树竹仔——福建）

小、中型竹（5 m，1～2.5 cm），节间长约 30 cm，节畸形肿大（每节一侧肿，交互），幼秆被白粉，具少量刺毛；秆箨纸质，微被白粉，中下部有少量疣基刺毛；箨耳小，镰刀状，繸毛少；箨舌约 3 mm，中部拱凸，箨叶外翻，三角状披针形；每节分枝 3～5 或更多，叶片条状披针形（长 13～25 cm，宽 0.7～3.9 cm）。笋期 5—6 月份。

用途：笋品质好，叶形优美，节畸形，作观赏竹。

分布：江西、福建（闽西北）高海拔（700 m 以上）地方，浙江有栽培。

图 3-21　糙花少穗竹

2. 四季竹

中型竹（5 m，1～2 cm），节间长约 30 cm，幼秆无毛，无白粉，分枝侧扁平；箨鞘厚纸质，浅黄色，具易脱落刺毛，无斑点；箨耳紫色，卵圆或镰刀状，有粗直繸毛；箨舌紫色，有紫色短纤毛；箨片绿色，阔披针形，基部收缩；每枝 3～4 叶，叶耳紫色，繸毛四射，叶舌紫色，叶片披针形（长 10～15 cm，宽 1.5～2.2 cm）。笋期 6 月至翌年 1 月。

用途：笋可食，是夏秋笋用竹。

分布：浙江、江西、福建（松溪、浦城、政和等）。

3. 糙花少穗竹（小黄苦、糙花青篱竹）

秆高 3～4 cm，径 1～2 cm，节间长 18～25 cm，新秆暗绿色，具细小紫点，无毛，节下具一圈明显白粉环；箨鞘淡绿色转枯草色，为节间长度的 1/2，基部鞘具刺毛及褐色斑点或斑块，上部箨鞘毛及斑渐无；箨耳及繸毛缺失；

箨舌高2 cm，中部隆起，先端具白色纤毛；箨叶绿色或淡绿色，下部直立，上部开展；每节分枝3个，广开展；叶片狭披针形，长6～14 cm，宽0.7 cm左右。笋期4月下旬至5月上旬。

用途：笋可食，竹材可作许多用材。

分布：广东、广西、福建。

3.3　混生竹种识别

3.3.1　苦竹属

合轴混生，秆圆形，长枝侧有小凹槽，节下常具白粉，分枝3～7，大部分枝条开展，箨环常有木栓质隆起（箨鞘基部残留物）；秆箨早落至宿存，近革质，有或无箨耳；真花序，总状花序，每花序小穗多，每小穗含花多，雄蕊3个，鳞被3个。有70多种，福建省16种，介绍10种。

1. 苦竹（伞柄竹）

小型竹（3～5 m，1～2 cm），节间长25～30 cm，幼秆厚被白粉，老秆白粉变黑；箨环上有棕色木栓物和刺毛（棕色），3～5分枝（约50°）；秆箨早落，厚纸质至革质，有棕色刺毛，具紫色斑点，无箨耳及繸毛；箨舌截形，约1～2 mm，先端具纤毛；箨片细长披针形，背面粗糙，无叶耳及繸毛。笋期5—6月份。

用途：笋味苦（处理后别有风味）。秆作伞柄、旗杆、竹器、厘竹（1 cm粗出口）。造纸。

分布：长江流域各省及云南、贵州。

2. 光箨苦竹

苦竹的变种，秆箨无毛，稍有粉，易落，叶片较大（长25 cm，宽4～6 cm）。其余与苦竹相似。

分布：浙江、福建（武夷山保护区）。

3. 长叶苦竹

小型竹（3～4 m，1～2 cm），竹秆带有紫绿色，3～9分枝（10°～15°），箨环有木栓质，箨宿存或迟落，无毛；无箨耳；箨片长披针形，叶子细长（长25 cm，宽1.5 cm）。笋期5—6月份。

4. 硬头苦竹

小型竹（4～5 m，1.5 cm），节间25～40 cm，壁薄，幼竹厚被白粉，老时变残留黑粉斑，3～7分枝（角度小，20°）；箨鞘薄革质，长约节间1/2，宿存，无毛；箨耳小，镰刀状，有放射性长繸毛（10～15 mm）；箨舌截形，高约5～10 mm，具短纤毛；箨片披针形；有叶耳，具8～10 mm长繸毛，叶片质薄（长10～14 cm，宽2～2.8 cm）。笋期5—6月份。

用途：作棚架、篱笆，宜破篾。

分布：广东。浙江有栽培。

5. 仙居苦竹

小型竹（5 m，2～3 cm），节间长约30 cm，秆近实心，幼秆有毛，箨环木栓质，表面有纵棱，节下具白粉；秆箨绿色，被刺毛和白粉；箨耳发达，镰刀状，有长繸毛(10～15 mm)；箨舌波状；箨叶狭带状，直立或反转，每小枝 4～5 枚叶；叶鞘被白粉，叶耳椭圆状伸出，繸毛达 13 mm，叶片披针形。

分布：浙江(仙居、富阳、三门等地)。

6. 巨县苦竹

小型竹(1.7～3 m，1～3 cm)，基部近实心，有白粉，无毛；箨环上具圈棕色短刺毛，秆箨宿存，基部被脱落性小刺毛；箨耳发达，呈半月形，具发达的淡棕色繸毛；箨舌截形，箨片披针形；叶片长(长 12～16 cm，宽 2～2.6 cm)。笋期 5 月。

用途：秆可作伞柄。

分布：浙江。

7. 油苦竹(秋竹——闽北)

小、中型竹(3～5 m，1～3 cm)，节间长 35～40 cm，幼秆无白粉，光亮(老秆黄色)，3～5 分枝；秆箨无毛，光亮；无箨耳或小，有少量繸毛；箨舌先端截状，通常无毛；箨片带状至锥状，反转，3 分枝，每枝 2～4 枚叶，无叶耳及肩毛；叶片披针形(长 10～18 cm，宽 1.3～2.2 cm)。笋期 5—6 月份。

用途：笋微苦，较好吃(此属中最好吃)，可发展。

分布：浙江、江西、云南、福建(武夷山星村较多)。

8. 宜兴苦竹

图 3-22　宜兴苦竹

小、中型竹(3～5 m，1.2～2.5 cm)，幼秆绿黄色，厚被白粉，老变粉斑；箨鞘迟落，厚被脱落白粉，具紫色刺毛；箨耳发达，新月形，具发达紫红色繸毛；箨舌高 4～5 mm；箨片披针形；叶片披针形(长 13～20 cm，宽 2～2.7 cm)，有叶耳。笋期 5—6 月份。

用途：笋很苦，处理后可吃。

分布：江苏、浙江，福建有栽培。

9. 实心苦竹

小、中型竹(4～5 m，1.5～2 cm)，节间 24～35 cm，基部实心，幼秆被小粗毛；箨环具木栓质；箨鞘浅绿色，早落，有刺毛；箨耳镰刀状，具淡棕色较发达的繸毛；箨舌截平或微凸，高 2～3 mm；箨片披针形，反转；叶片狭长披针形(长 11～18 cm，宽 1.7～2.1 cm)，无叶耳。笋期 6 月份。

用途：秆坚硬，篾性脆，作伞柄。

分布：浙江、福建。

10. 武夷山苦竹

小、中型竹(5 m，3.5 cm)，节间长达 33 cm，壁厚，节长；幼秆厚被白粉，老秆变深黑粉垢，3～7 分枝(分枝角度很小)，节内 5～6 mm，具鞘基木栓质；秆箨宿存，革质，与节间等长或略短，具脱落性刺毛；箨耳小，繸毛长 3～5 mm；箨舌截形，紫色，高约 1 mm；箨片披针形，基部具粉质短毛；每小枝 3～4 枚叶，叶片披针形(长 8～14 cm，宽 1.5～2.2 cm)，背面微被白粉，短柔毛，无叶耳。

分布：福建(武夷山，海拔 200 m)。

表 3-5　苦竹属检索表

1. 无箨耳或箨耳小，不明显
 2. 箨鞘无毛
  3. 叶片大，长达 26 cm，宽 4～5 cm …………………………………… 光箨苦竹
  3. 叶片长 10～18 cm，宽 1.3～2.2 cm ………………………………… 油苦竹
 2. 箨鞘有刺毛
  4. 秆较矮，2～3 m，叶窄长(宽小于 2.0 cm) ………………………… 长叶苦竹
  4. 秆较高，3～4 m，叶较宽(宽大于 2.0 cm) …………………………… 苦竹
1. 箨耳发达或较小，但有繸毛
  5. 箨鞘无毛或仅边缘有毛
   6. 秆箨宿存
    7. 分枝基部贴秆 …………………………………………………………… 硬头苦竹
    7. 分枝角度 45° ………………………………………………………… 巨县苦竹
   6. 秆箨脱落
    8. 秆近实心，箨鞘边缘有刺毛 …………………………………………… 仙居苦竹
    8. 秆中空较大，箨鞘无毛 ………………………………………………… 油苦竹
  5. 箨鞘有刺毛
    9. 有叶耳及发达繸毛 ……………………………………………………… 宜兴苦竹
    9. 无叶耳
     10. 幼秆有毛，秆近实心，分枝角度较大 ………………………………… 实心苦竹
     10. 秆无毛，秆中空，分枝贴近秆 ……………………………………… 武夷山苦竹

3.3.2　茶秆竹属

复轴混生，秆环平，箨环无木栓质(但少部分种有)，分枝 1～3(顶多 2 级分枝)，大部分竹种基部贴秆；秆箨迟落或宿存，质硬；箨片长披针形，基部略收缩，叶片长披针形；真花序，总状或圆锥花序，雄蕊 3 个，鳞被 3 个。有 16 种，福建 13 种，介绍 4 种。

1. 茶秆竹(青篱竹、沙白竹、亚白竹、篱竹)

图 3-23　茶秆竹

中、大型竹(7～13 m,4～6 cm),节间长 30～50 cm,1～3 分枝(分枝习性较高),基部贴秆,秆直环平;箨鞘新鲜时棕绿色,脆,密被棕色刺毛,无斑点;无箨耳,鞘口繸毛达 15 mm,波曲状;箨舌高 5 mm,半圆形拱凸;箨片直立,长披针形;叶片厚而坚韧,窄长披针形(长 18～35 cm,宽 2～4 cm)。

用途:我国传统出口商品(厘竹),远销欧美东南亚各国,作滑雪杆、钓鱼竿,及雕刻、装饰、家具、运动器材,也可作篱笆,搭棚架。纤维含量高,纤维长,是造纸的好原料。笋苦,处理后可吃。

分布:广东、湖南、广西、福建(尤以广东怀集面积最大,福建主要在永定、武平、永安等地)。江西、江苏、浙江有栽培。

2. 近实心茶秆竹(篃竹子——湖南)

小型竹(3～4 m,1～3 cm),节间长 15～20 cm,秆近实心,3～5 分枝,贴秆,幼竹有柔毛,具箨基残留物,但不成木栓质;箨鞘质地脆,背有斑纹,无毛;箨耳很小或无;箨片直立,卵状披针形;叶鞘及叶片背面有柔毛,有 5～6 对侧脉。

分布:湖南(益阳)、福建。

3. 面秆竹(白毛暗竹——福建闽清,暗竹——南靖、福州)

小型竹(3～4.5 m,1～2 cm),节间达 30 cm,圆形无凹槽,1～3 分枝,基部贴秆,绿色带紫,幼时有绒毛,节平,节内 5～8 mm;秆箨迟落,薄革质,脆,具脱落性刺毛;箨耳小,镰刀形至卵状,有少量弯曲繸毛;箨片直立,卵状长三角形,基部稍收缩;箨舌 1 mm,略弧形;每枝4～7 枚叶,叶片长披针形(长 15～20 cm,宽 1.5～1.8 cm),叶耳及繸毛明显。笋期 5—6 月份。

用途:秆作毛笔杆、筷子、椅垫、线面杆。

分布:广西、福建。

4. 南平茶秆竹

小型竹(3～4.5 m,1 cm),幼时有白粉,1～3 分枝,基部贴秆;箨鞘顶端凹状,有斑点、刺毛;箨耳长圆形,有繸毛;箨片绿色,披针形,反曲;有叶耳及发达繸毛。

分布:福建南平。

表 3-6 苦竹属检索表

1. 秆箨背面无斑点
  2. 箨片带状披针形,较长
    3. 箨鞘厚革质,质脆,背面密被长刺毛 …………………………………………… 茶秆竹
    3. 箨鞘薄革质,背面中下部疏被刺毛 ………………………………………… 薄箨茶秆竹
  2. 箨片卵状披针形
    4. 秆近实心,叶长 12～18 cm ……………………………………………… 近实心茶秆竹
    4. 秆中空,叶长 15～20 cm …………………………………………………… 面秆竹
1. 箨鞘背面具褐色斑点 ………………………………………………………… 南平茶秆竹

3.3.3 箬竹属

复轴混生,小型竹(1 m 左右),圆形,节平,节下有黄色毛环,1 分枝,直展,与秆等粗;秆箨宿存或脱落,叶大;真花序,圆锥状(顶生),雄蕊 3 个,鳞被 3 个。有 30 多种,福建 7 种,介绍 4 种。

1. 箬叶竹(粽粑竹——广西,长耳箬竹——江苏,粽叶竹、长耳竹、长耳了竹、寮叶竹、寮竹——湖南)

小型竹(1～3 m,0.5～1 cm),节间 10～15 cm,幼时无毛或被小刺毛,节下被淡褐色毛环,节较平,节内 3～5 mm;秆箨短于节间,褐绿色,有小刺毛;箨耳特发达,镰刀状,长繸毛(5～8 mm);箨舌截平或微拱,高 1～2 mm,边缘有褐色毛;箨片直立,长三角形或长圆形;叶片大(长 10～35 cm,宽 2～8 cm),背面具微毛。笋期 4 月份。

用途:秆作毛笔杆、筷子(杭州天竺筷),叶作粽叶,有特殊香味及杀菌作用(麻竹也可,但无香味和杀菌作用),或作斗笠和般篷衬垫。

分布:河南、湖南、江西、四川、贵州、云南、广东、广西、浙江、福建等。

图 3-24　箬叶竹

2. 箬竹(楣竹)

小型竹(1～1.5 m,0.4～1 cm),节间 20～30 cm,秆壁较厚,节下有粉黄色粉质毛环;秆环较平,新秆被白粉和灰白色细毛;秆箨宿存,长于节间,黄褐色,质坚硬,有褐色刺毛;无箨耳,有繸毛;箨舌弧形,有纤毛 1～2 mm,箨片窄,披针形,直立;叶片大,背面中脉一侧有绒毛。

用途:秆作毛笔,叶用于包装茶叶,包粽子。

分布:浙江、安徽、湖南、福建,一般长在水旁。

3. 大叶箬竹

小型竹(1.5 m,0.5～1 cm),节间长 25 cm,节间被褐色柔毛及粉质毛,秆环隆起,箨环平,节内 6 mm;秆箨迟落(包在枝条上),长于节间,背面有棕色刺毛;无箨耳及繸毛(或微弱毛);箨舌弧形,高 2 mm,箨片小,窄三角形,基部几与鞘顶同宽;每小枝 1～2 叶,叶片大,中脉两侧有毛,无叶耳及繸毛。笋期 4 月中旬。

分布:福建(明溪等地,海拔 400 m)。

4. 阔叶箬竹

小型竹(1～1.5 m,0.5～0.7 cm),节间长 10～20 cm,微具毛,节下有淡黄色粉质毛环;秆箨宿存,短于节间,质坚硬,背面有棕色小刺毛;无箨耳,有短繸毛;箨舌截平,高 0.5～1 mm,有纤毛;箨片条状披针形;叶片长 30 cm 左右,宽 2～5 cm,背面中脉两侧无毛。

用途:秆作笔杆、筷子,叶作斗笠、船篷及粽叶。

分布:浙江、江苏、安徽、山东、湖南、福建。分布广。

表 3-7　箬竹属检索表

1. 箨耳与叶耳发达 …………………………………………………………… 箬叶竹
1. 无箨耳或不明显,无叶耳
 2. 叶大,长 40 cm 以上,下面中脉有毛
  3. 叶下面中脉一侧有白色绒毛 ……………………………………………… 箬竹
  3. 叶下面中脉两侧下半部有锈色长毛 ………………………………… 大叶箬竹
 2. 叶长在 40 cm 以下,下面中脉无毛 …………………………………… 阔叶箬竹

本章小结

竹子属于禾本科竹亚科，类型分为散生竹、丛生竹、混生竹三种。竹类繁多，福建省大约有25属258种。具有较大开发价值的经济竹种主要有刚竹属、绿竹属、牡竹属、方竹属、酸竹属、苦竹属、箣竹属、茶秆竹属、箬竹属等，如毛竹、绿竹、麻竹、方竹、苦竹、茶秆竹、黄甜竹等竹种，山区栽培非常广泛。这些竹种竹材物理、力学性能好，笋质优良，是福建省主要的经济栽培竹种或开发利用竹种。

思考题

一、是非题

1. 散生竹和丛生竹的笋是由竹鞭上的芽萌发而成的。(　　)
2. 箣竹属和绿竹属区别之一是箣竹属分枝较高，基部分枝带退化成刺。(　　)
3. 刚竹属中竹秆具猪皮状凹穴的有刚竹、绿皮黄筋竹、黄皮绿筋竹、台湾桂竹、毛竹。(　　)
4. 毛竹、红壳雷竹、白哺鸡竹具有发达的箨耳及繸毛。(　　)
5. 绿竹秆幼时背面具柔毛，老则无毛；苦绿竹箨背面有棕色刺毛。(　　)
6. 孝顺竹箨片常下延，青皮竹则作心形收缩。(　　)
7. 毛竹冬笋褐黄色，被绒毛；春笋紫褐色，有黑色斑纹，满生粗毛，可区别。(　　)
8. 箣竹属中，秆基部数节间以黄白色条纹的有花竹、藤枝竹。(　　)

二、请用检索表区别刚竹属中如下竹种

毛竹、紫竹、红壳雷竹、花毛竹、白哺鸡竹、实心竹、水竹、毛金竹

第4章

经济竹种生长规律及适生环境

经济竹种的繁殖主要是靠地下茎繁殖、生长实现的，不同地下茎类型生长繁殖各异，可分为竹鞭、竹笋生长及地上茎生长等。不同的竹种对环境条件有不同的要求，掌握竹种的生长发育及对环境的要求，是有效地实施栽培技术的基础。

本章主要介绍散生竹、丛生竹、混生竹的生长发育规律及对环境的要求。

4.1　经济竹种生长规律

4.1.1　散生竹生长发育

1. 竹鞭生长

(1)竹鞭组成：散生竹和混生竹的竹鞭主要由鞭柄、鞭梢、鞭身组成。

鞭柄：连接母鞭的部位，节密，节间短，无根无芽。

鞭梢(鞭笋)：竹鞭先端，被坚硬尖削的鞭箨所包被，穿透力强，是竹鞭生长的动力。

鞭身：鞭柄和鞭梢的中间部分，形稍扁，鞭箨基本解离，每节有根(称鞭根)，有芽。

(2)竹鞭形成：母鞭上的侧芽顶端分生组织经过细胞分裂形成许多新细胞，新细胞分化成为鞭节、鞭箨、侧芽、鞭根原始体和居间分生组织(又称生长环)，基部数节至十多节居间分生组织活动较小，形成无根无芽且细小的鞭柄。随着鞭笋继续生长，居间分生组织活动加强，不断分裂增殖，使节间增长、增粗。老鞭节居间分生组织慢慢停止分裂新细胞，节间停止延长，鞭箨形成离层，解离腐烂。节上根原始体分化成新根眼，长出新根，并生出支根，形成强大的根系，鞭梢分生组织不断产生新鞭节。

(3)生长：主要依靠鞭梢的横向起伏生长来实现。

①年生长：活动时期一般为 5～6 个月。

进入小年，鞭生长量大。在新竹抽枝发叶时(5—6 月份)，鞭梢开始生长，8—9 月生长最旺，11 月底停止生长，冬季萎缩断脱。

进入大年，鞭生长量小。竹林换叶(3—4 月份)，侧芽另抽新鞭，继续生长，6—7 月份生长最旺，8—9 月份，因竹林大量孕笋而慢慢停止生长。

②大周期：可达 15 年。可分以下几个阶段。

幼年：1～2 年生，竹鞭被鞭箨包住，金黄色，组织幼嫩，根系生长发育尚未完善，正处于干物质增长阶段，侧芽发育尚未成熟，很少抽鞭孕笋（只有 2 年生少量发鞭）。

壮年：3～6 年生，鞭箨已腐烂，古铜色，内含物丰富，根系发达，侧芽肥壮，生活力强，抽鞭发笋能力强，数量多，质量好，是竹林更新和繁殖的主体。

老年：7～12 年生，灰黄色，生活力慢慢下降，侧芽也多已萌发，余下未萌发的芽也因休眠过久而丧失萌发能力，即使抽鞭发笋也是细鞭弱笋。

图 4-1　壮龄竹鞭

死亡：12～15 年生，灰褐色，鞭大体干枯死亡。

竹鞭生长所消耗的营养主要来自相连的母竹，并与土壤条件关系很大，所以，在竹鞭生长期若砍竹或挖伤鞭，引起大量伤流会大大影响鞭梢生长，甚至萎缩死亡。通过松土除草、深翻、施肥可促进长鞭、发笋。

2. 竹笋生长

(1)竹笋组成：从竹鞭上的芽到出土为竹笋的形成阶段。

夏末秋初，竹鞭上侧芽萌发为笋芽，第二年清明左右（4 月份）才出土，约 6～9 个月时间。

鞭上侧芽顶端分生组织细胞分裂增殖，进一步分化成节、节隔、笋箨、侧芽、居间分生组织（6—7 月份）；继续膨大并与竹鞭成 20°～50°向外伸长，笋尖弯曲向上（冬笋）。初冬（12 月份），笋体肥大，笋箨继续生长，旬平均温度到 10°以上时，穿过土层，露出地面，笋箨紫褐色，有黑色斑纹，满生粗毛（春筹），此时笋体已加大，未来竹秆粗度已趋定型。

影响竹笋形成和地下生长的因素很多，其中最主要为气候（温度）、土壤和本身营养水平。鞭芽转变为笋芽每亩 500～800 个，但因营养等因素，每年只有 100 多个成笋出土，而成竹又不足出笋量的一半。

(2)竹笋生长：竹笋出土持续时间大约 30 天。分为以下三个时期：

初期：出土数量少，养分较充裕，大部分笋体较大，退笋率低。

盛期：数量最多（气温、水分适宜），营养较充裕，笋体健壮，退笋率也较低。

末期：量少，营养不足，笋体小，退笋率高，成竹也差，所以，留笋养竹主要在盛期，不足可在初期。

3. 幼竹生长（秆形生长）

从竹笋出土到高生长停止枝叶展开，持续时间大约 60 天（末期笋 40～50 天）。竹节数已定，高生长通过居间分生组织细胞的分裂活动来实现。各节不是同时生长和结束，速度也不同，而是从基部向上逐节开始生长和结束，遵循慢（基部）—快（中部）—慢（顶部）的规律。可为以下四个时期：

(1)初期：笋尖破土，高生长缓慢（1～2 cm/d），笋体仍有膨大生长。持续时间 15 天左右。

(2)上升期：地下（秆柄、秆基）伸长生长趋于停止，秆基各节大量生根，地上节间伸长活动加快(10～20 cm/d)。持续时间 15 天左右。

(3)旺盛期：地上竹秆生长加快(可达 100 cm/d)，高峰期后开始减慢，下部秆箨开始解离脱落，并开始抽枝，竹根继续伸长，大量萌发支根。持续时间 10 多天。

(4)末期：高生长明显下降，最终停止，秆箨全部解离，枝条伸展迅速，全竹枝长齐后，竹叶几乎同时展放，竹蔸根系完全形成。持续时间 10 多天。影响幼竹生长主要有营养条件、气候条件、竹林病虫害等。

4. 成竹生长(材质生长)

新竹形成后至竹秆衰老死亡为止。秆高、粗度不变，只有生理活动能力、物理力学性质发生变化。

可为以下四个阶段：

(1)幼龄竹阶段(1 年生)：生理活动、根部吸收能力渐强，含水量多，干物质少，光合产物主要充实新竹秆物质，长新鞭、发笋少。

(2)壮龄竹阶段(2～5 年生)：生理代谢能力最强，竹材较充实，含水量渐少，材性渐强，光合产物主要转移到竹鞭，长鞭、发笋能力最强。

(3)中龄阶段(6～8 年生)：生理代谢能力渐弱，竹材物理力学性状达到最高水平，并慢慢出现下降趋势，竹鞭开始老化，养鞭发笋能力下降。

(4)老龄竹阶段(9 年生以上)：生理活动能力明显下降，由于呼吸消耗和营养物质的转移，容重、力学性质、营养物质含量都降低。材质生长出现下降趋势，根萎缩，已无养鞭发笋能力。

因此，采伐年龄要根据竹材和竹子利用具体要求而定：

造纸用的采伐年龄可定在 5 年生(3 度竹)；

竹编用的采伐年龄可定在 6 年生(4 度竹)；

竹材用的采伐年龄可定在 6～7 年生(4 度竹)；

竹凉席用的采伐年龄可定在 6 年生。

毛竹的生长一般以 2 年为一个周期，一年大量发笋长竹，一年换叶生鞭，循环交替。因此，竹林大小年较明显，且在冬季换叶。成竹年龄可用“度”表示，1 度竹为一年生，2 度竹包括 2～3 年生，3 度竹包括 4～5 年生，4 度竹包括 6～7 年生，以此类推。毛竹年龄判定主要有三种方法：

①皮色法：随着年龄的增长，竹秆皮色及其他一些特征也会发生变化。

1 度竹(1 年生)：毛竹竹秆粉绿色，节间具粉质毛，摸触有毛感，箨环上有褐色“睫毛”，箨环下有一圈白粉环，竹秆基部有笋箨。

2 度竹(2～3 年生)：竹秆绿色，箨环上“睫毛”已脱落或稀疏，箨环下白粉环有黑点，秆基部还残留一些未烂笋箨，节间触摸已无毛感。

3 度竹(4～5 年生)：秆灰绿色，节间表面有一薄蜡质层，箨环下的白粉环已有黑斑，秆基部笋箨已全部腐烂。

4 度竹(6～7 年生)：秆灰色，节间蜡质层更厚，呈灰色，手触摸有滑感，箨环下白粉环大多为黑斑占据，呈灰黑色。

5 度竹(8～9 年生)：秆灰黄，甚至有的深黄色，节间蜡质层不均匀脱落，箨环下白粉环基本上为黑色。

6 度以上(10 年生以上):秆古铜色,节间蜡质层已脱落,常有地衣贴生。

此法目前普遍使用,但需有较丰富经验,否则也不能正确判断。环境的影响会使皮色非正常改变,如林缘竹,受太阳照射时间较长,2 度竹皮色就变黄了;立地条件差,皮色变化也会提前到来。如缺乏判断经验,往往会弄错。

图 4-2　毛竹各度竹竹秆特征

②号竹法:又称"捏油",此法是用特制油墨给每年新竹标上年号。这种方法虽然费时,但是最为准确。为准确掌握毛竹丰产林每年新竹数量、各年龄竹数量,确定毛竹采伐年龄,为科学经营毛竹,制定合理采伐计划、采伐目标提供可靠的依据,采取此法最好。具体做法是:在每年新竹长成后(大约 7 月份)就可以进行,因此时时间比较宽裕。号竹时,对本年出的新竹用油漆涂写竹子长成的年度,有条件实测胸径,并做好记录,记录内容见表 4-1。涂料目前已使用专业的颜料,主要有两种:一种是固体的,蜡笔状,有大、中、小三种型号;另一种液体状,瓶口有海绵包着,可以直接涂写。一天可号竹 1000 株左右。我国浙江省在 20 世纪 80 年代初已在全省推行这种做法,福建省已有许多地方采用号竹法确定毛竹年龄,效果很好,以后应该推广。

表 4-1　毛竹号竹记录表

林班:　　大班:　　小班:　　面积:　　地名:

胸径/cm	3	4	5	6	7	8	9	10	11	12	13	14	15 以上
株数 ("正")													
合计													

③龄痕法：新竹形成后第二年就换叶，以后每隔两年换叶一次，每换叶一次为 1 度。毛竹换叶末端小枝枯死脱落，每脱落一次，留下一个龄痕(枝痕)。老叶脱落后，在龄痕下的侧芽又长一小枝，一般小枝着叶 2～5 片，隔两年，末端带叶小枝又脱落，再留一个龄痕，龄痕下的侧芽又长一新枝。以此类推，计算年龄时看有几个龄痕就知道是几度竹。此法在理论上讲是比较准确的，但实际上经常有出入，其原因很多，如强风摇晃枝条，造成枝条互相摩擦，会产生非正常落叶，即末端小枝折断，在折断处下一个节的侧芽又萌生新的小枝，这就增加一个龄痕，形成一度二痕。另外，害虫咬断末端小枝，或干旱促进某些竹枝提前落叶，都会造成一度多痕现象，使计算年龄产生错误。

图 4-3　号竹法

5. 毛竹的开花结实

开花结实是高等植物共同的特性，竹子也不例外。毛竹开花前出现反常现象，如出笋很少甚至不出笋，叶绿素显著减退，竹叶全部脱落或换生变形的新叶，或竹子体内糖类物质增加和氮含量减少，出现高的碳/氮比，这些都预兆花期即将来临。毛竹的花期很长，从 4—5 月至 9—10 月都会发生，而以 5—6 月为盛花期。毛竹的花丝长，花柱短，授粉率很低，十花九不孕，种实的成熟期也很不整齐，一般授粉 2 个月，种子陆续成熟，随即脱落飞散。

毛竹开花总是零星发生在少数竹株上，有的全株开花，竹叶脱落，花后死亡；有的部分开花，部分生叶，持续 2～3 年，直到全株开完后竹秆死亡。一片毛竹林全部开花结实，往往要经历 5～6 年以上。

毛竹开花不受竹龄的限制，新竹同样可以开花，开花结实后，有的竹株光秃无叶，竹秆枯黄死亡，所连的地下茎发黑腐烂，失去萌芽力，地上和地下完全死亡，必须重新栽植或天然更新，才能恢复竹林。

有的人认为竹子开花是不祥之兆，其实竹子开花结实是正常的生理现象，是成熟和衰老的象征。毛竹开花的原因，主要是竹类本身特点引起的必然现象，植物生长发育过程有它自已的周期，毛竹到了性成熟阶段，必然要开花结实。毛竹一生只开花结实一次(禾本科特点)。其次是环境条件和人为因素的影响，即气候干旱、土壤贫瘠、营养不足会促进毛竹发育成熟，开花结实。在湿润气候和肥沃土壤条件下，毛竹的营养生长居主导地位，细胞的分裂增殖不断产生新组织新器官来更替老组织老器官，有利于提高竹子的生活力，使竹林欣欣向荣，抑制生殖生长的发展，推迟成熟衰老阶段的来临，从而延迟了竹子开花的时间。

总之，竹子的生理成熟和衰老是引起开花结实致死的根本原因，气候变化、土壤条件以及人为影响则是外因，外因通过内因而起作用，外因只能推迟或促进竹子开花，而不能改变竹子开花的根本特性。

在毛竹生长上，可采取一些措施来控制毛竹开花。对还没有开花的竹林，加强抚育管理，改善水肥条件，防治病虫危害，促进营养生长，使之不断抽鞭发笋，就有可能推迟竹林的衰老成熟，抑制开花。如浙江省奉化石门对培养大毛竹的竹林进行集约管理，采用松土、施肥、盖土、钩梢、挖除地下的竹蔸老鞭、防治病虫害以及砍伐 8 年以上的老竹等措施，现已有 200 多年，并没有开花结实。当竹林出现个别竹株开花时，及时砍掉全部开花竹株，挖出老鞭竹蔸，进行全面松土，增施人粪尿或硫酸铵（每公顷 300 kg）或尿素（每公顷 150 kg），或在竹蔸灌入氨水，可推迟或抑制开花。如成片毛竹开花，应全部砍去开花竹株，进行块状或条状松土，挖掉老鞭竹蔸，增施氮肥，并把锄下的杂草铺在林内，培上客土，促使新生竹鞭伸展到松土带，2～3 年后再对未经松垦的带采用同样的措施，5～6 年可使竹林复壮更新。

为了防止竹林所有竹株同时开花，可以选择种源不同、开花周期不同的母竹或竹苗混交搭配，造成“混交”竹林。这样，即使出现开花，只要砍掉开花竹株，加上适当的管理措施，竹林生长仍然可以欣欣向荣。

4.1.2 丛生竹生长发育规律

1. 地下茎生长（秆基、秆柄）

（1）生长部位：一般丛生竹没有长距离横向地下的竹鞭，竹蔸部分（即竹子的秆基和秆柄）就是地下茎，节间短缩，状似烟斗，只有竹根，没有鞭根。秆柄细小无根，是母竹和子竹的联系部分，称为“龙眼鸡头”。丛生竹的秆柄一般较短，节数较多，个别竹种如梨竹、泡竹的秆柄可达 1 m 左右，相当于散生竹的竹鞭。秆基肥大多根，沿竹秆的分枝方向，每节着生 1 芽眼[又叫芽目（笋目）]，交互排成 2 列。最下一对芽眼称为“头目”，依次分别为“二目”、“三目”等，基部芽目生活力强，萌发早。芽眼数目随竹种不同而变化。大型丛生竹较多，如麻竹、簕竹、车筒竹等，有 6～10 个；小型丛生竹较少，如凤尾竹、孝顺竹等，通常 2～6 个。大多竹种一般只基部 2～3 个芽目能萌笋成竹，极少可能有 4～6 个。

（2）竹笋形成：芽眼的大小和萌发力与其着生的部位有关。一般分布在秆基中下部的芽眼，充实饱满，生活力强，萌发较早较多，出笋肥大，成竹质量高。着生在秆基上部特别是那些露出地面的芽眼较小，生活力较弱，萌发也较迟较少。1～2 年生的秆基中下部的芽眼活力最旺，次年夏季通常有 1～2 个能萌发长笋，其余的芽眼大部分不能萌发，或萌发后因养分不足而萎缩死亡，称为“虚目”；5～6 年生以上秆基的芽眼完全失去萌发力。也有早期长成的幼竹，当年秋天就能萌笋，称为“二水笋”或“二次笋”。“二水笋”是在新母竹抽枝发叶形成根系前萌发的，因养分不足，多半萎缩死亡。抽过“二水笋”的“早熟”新母竹处于严重的“饥饿”状态，竹蔸上宿存的芽眼多半变“虚”，次年不再萌发。

（3）竹笋地下生长：丛生竹的抽“鞭”发笋由同一器官完成。秆基的大型芽春末夏初开始萌发，先在土中或紧贴地面作不同距离的横向生长，然后梢端弯曲向上，膨胀肥大，形成竹笋，出土长竹。孝顺竹、崖州竹等小型竹种的地下横走距离短，长出的竹秆非常密集；青皮竹、粉单竹等大型竹种的地下茎能在土中横向生长达 0.5 m 左右，长出的竹秆则稀疏散生。丛生竹从芽到“鞭”，从“鞭”到笋，再从笋到竹的整个生长过程，也首先通过芽的顶端分生组织的分裂分化，形成节和居间分生组织，再由各节居间分生组织的细胞分裂分化、伸长加大和老化成熟等几个阶段完成节间生长。

2. 竹笋出土

从生竹萌发抽笋的时间很长，先后经历 3～4 个月。一般在初夏（小满前后）开始萌动，

陆续出土，大暑前后达到高峰，白露以后又逐渐稀少，到了霜降基本结束。遇上温暖的冬天，笋期持续的时间要长些。从竹笋开始出土到出土结束，可分 3 个时期，即出笋的初期、盛期、末期。

麻竹、绿竹、青皮竹等发笋较早，在 5 月上、中旬即有出土；撑篙竹、硬头黄竹在 5 月下旬；粉单竹在 6 月上旬；沙罗竹、勒竹的笋期较晚，到 8 月(立秋至处暑)才大量出土。大部分丛生竹都在 6—7 月份出笋，并随温度和水湿条件而略有早迟，在温度高、湿度大的年份或地区，笋期要早些。撑篙竹出笋初期约半个月，出笋数占总笋数的 15%左右；出笋盛期约 1 个月，出笋数占总数的 70%左右；出笋末期约 20 天，出笋数占总数的 15%左右。撑篙竹、绿竹、硬头黄竹等的出笋期历时近 3 个月。麻竹的笋期很长，从 5 月上旬开始直至 11 月还陆续出笋，有的麻竹笋在土中越冬，如同毛竹的冬笋，来年春季又继续生长出土。初期和盛期出土的竹笋肥大粗壮，生长旺盛，退笋率低，长成的新竹一般较母竹略微或等同高大。末期出土的“罢林笋”一般都位于秆基上部，萌发较迟，营养不足，笋体弱小，大部分萎缩败退，加上生长期短促，即使能长成新竹，竹秆也矮小，木质化很差，到了冬季，多数梢端枯萎，甚至死亡。

3. 竹笋—竹秆形生长

从生竹的竹笋出土后，竹笋—幼竹的生长和散生竹有共同的规律，也可以划分为初期、上升期、盛期和末期。

初期：高生长极为缓慢，每天生长量只有几毫米，最大不超过 2 cm。青皮竹完成初期高生长需 15～30 天，撑篙竹需 10～20 天，粉单竹需 20 天左右。

上升期：竹笋的高生长逐渐加快，一般历时 10～15 天。

盛期：竹笋高生长最快，几乎成直线上升，一般 1 昼夜的生长量在 10 cm 以上，青皮竹可达 25 cm，粉单竹可达 40 cm。撑篙竹的 1 日生长量可达 30 cm。在延伸区段中，生长量最大的 3 个节间 1 日的生长量为全株 1 日生长量的 30%～56%。

末期：高生长速度变缓，最后逐渐停止。完成高生长所需的时间，撑篙竹为 90～115 天，青皮竹需 85～100 天，粉单竹需 85 天左右。

在竹笋—幼竹的生长过程中，居间分生组织的分裂伸长活动关系到日后形成的竹秆秆形。一般节间伸长均等对称，则竹秆圆满端直，如青皮竹、粉单竹、绿竹、慈竹、思劳竹等；而另一些竹种如青秆竹、木竹、车筒竹、大勒竹等，往往芽侧的伸长量大于无芽侧，节间两侧不等长，节环交互歪斜，竹秆常呈“之”字形。

4. 竹枝叶生长

一般丛生竹的竹秆除基部几节外，都有侧芽，由于竹笋—幼竹生长的顶端优势影响，侧芽处于休眠状态，故在高生长停止前很少抽枝发叶。当年新生的幼竹基本上是光秃的(除了早期出土长成的新竹具有少量枝叶外)，直至来年春季(清明至谷雨间)，从幼竹梢端开始，由上而下，先抽枝，后放叶，到立夏至小满，才基本结束，成为能够独立生活的竹株。从大型芽萌发到完成新竹枝叶发放的全部过程需 10～12 个月。丛生竹秆侧芽内有一肥大主芽和若干副芽，主芽发育完全，萌发生长成为竹秆各节的主枝；副芽比较弱小，依次分布在主芽两侧，为枝箨所包被保护。在主芽抽枝后，副芽也陆续萌发，形成竹节上的次主枝和簇状丛生的小枝。在顶端优势的影响下，新竹梢部各节的主芽和副芽全部萌发抽枝，而中、下部各节主枝基部的部分副芽和枝下各节的侧芽(包括主芽和侧芽)则处休眠状态，并能陆续萌发至数年之久。在竹林培育上，这种特性可以利用来进行插秆繁殖或埋秆育苗。

5. 影响竹笋—幼竹生长的因素

丛生竹竹笋的生长随温度、相对湿度和降水的增加而增加，特别是相对湿度和降雨的影响尤为显著。丛生竹夏、秋出笋，晴天日间高温、干燥，加强了竹子的蒸腾作用和林地的蒸发作用，减少了竹笋—幼竹体内充水膨胀，影响居间分生组织的分裂伸长作用，从而影响竹笋—幼竹的高生长。到夜里，温度适当下降，湿度相应增加，竹笋—幼竹的夜间生长量常常大于白天生长量。根据有关记录，甜慈竹和苦慈竹的夜间生长量比白天生长量分别大40%和22%以上。但在持续降雨后，即使温度有所降低，竹笋—幼竹的白天生长和夜间生长大体一样迅速。

丛生竹不像散生竹那样具有强大的鞭根系统，而是竹秆稠密丛生，竹根重叠集中，这对于营养物质的吸收、合成和贮存都有一定的限制作用。从芽眼萌发到幼竹长成所消耗的养分主要依靠其连生母竹来供给，发笋越多，供给越难满足，每株母竹可以抽发5～6枝竹笋，但只有1～2枝有成竹希望，其余都因营养不足而萎缩死亡。每株有2支笋以上的撑篙竹，仅有1笋成竹。撑篙竹和粉单竹的退笋率大于青皮竹。由此可见，引起丛生竹的竹笋败退和竹笋—幼竹生长缓慢的主要原因不是气候土壤的影响，而是养分来源不充裕。

6. 成竹生长

丛生竹的成竹生长过程与散生竹基本相同，也可划分为幼龄、壮龄和老龄竹3个阶段。在一般丛生竹中，1年生的新竹处于幼龄竹阶段，竹秆的高度、粗度和体积不再有明显的变化，但其内部组织幼嫩，水分多而干物质少，枝叶根系也没有充分发展起来。随竹龄的增加，同化器官和吸收系统逐渐完善，生理代谢活动逐渐增强，有机营养物质逐渐积累，2年生竹子的发笋力最旺，3年生次之，4年生基本上不发笋，而竹秆组织也相应老化充实，水分减少，干重增大，竹材性质良好，竹子处于壮龄阶段。5年生以后，竹子的叶量逐渐减少，根系逐渐稀疏，生理活动逐渐衰退，材质逐渐下降，竹子进入老龄阶段，开始出现枯竹、枯秆。丛生竹竹丛发笋成竹的数量和质量很大程度上取决于幼、壮竹的比例，比例愈大，发笋力愈强，成竹质量愈高。

秆基的大型芽萌发后，总是与母竹成一定角度（通常为40°～70°），从两侧向前生长，再弯曲出土，长成新竹。所以，幼龄竹都在竹丛周围的边缘，而壮龄竹和老龄竹则在竹丛内部，呈离心辐射状分布。加上子竹的秆柄总是高于母竹的秆基，新竹位置逐年扛起，根系重叠成堆，芽眼露出地面，因而影响新竹丛的发展。在竹林培育上，砍伐老龄竹，挖除老竹篼，适当施肥变土，尽量留养幼、壮龄竹，是保证竹丛旺盛生长的根本措施。

4.1.3 混生竹的生长

混生竹兼有散生竹和丛生竹的生长特性，既有横走地下的竹鞭，又有密集丛生的竹丛。混生竹竹鞭的形态特征和生长特性与散生竹竹鞭基本相同，但节间细长，鞭根较少，横切面呈圆形，生芽侧无沟槽，鞭上侧芽既可以抽出新笋，又可以发笋长竹。鞭梢1年的生长量可达3～4 m。

鞭梢在冬季停止生长后，一般都萎缩断脱，来年春季又从附近侧芽抽出新鞭。在鞭梢生

长过程中，常因土中石块、树桩或其他创伤发生断梢，引起竹鞭分岔。

混生竹秆基的节间较长，竹根较少，弯曲度小，两侧有芽眼 2～6 枚，可以发育成为竹鞭，在土中横向蔓延生长；也可以分化而成竹笋，紧靠母竹，长成新秆，成丛生长。在肥沃土壤、集约经营条件下，生长良好的茶秆竹林、苦竹林中，主要靠竹鞭上的芽来进行繁殖更新。所以，长出的竹秆一般都稀疏散生，很少密集成丛，表现出与散生竹竹林相同的特点。而在贫瘠的土壤条件下，或经过严重的砍伐破坏后，混生竹的秆基芽眼大多萌发抽笋，长出成丛竹秆，呈现出丛生竹基本特征。

一般混生竹的出笋期略迟于散生竹而早于丛生竹。茶秆竹出笋较早，3 月上旬即有出土，4 月初结束，持续 1 个月左右。苦竹 5 月出笋，持续时期较短，20 天左右基本结束。生长在高海拔地方的混生竹种，则出笋期较晚。

竹笋出土后，一部分因营养不足、气候影响或病虫为害而败退死亡，一部分经历 1～2 月完成秆高生长。混生竹种的竹笋—幼竹的高生长过程，与散生竹、丛生竹一样，也有“快—慢—快”的规律。

混生竹竹笋—幼竹高生长的生长量与时间的关系呈“S”形曲线。在混生竹种的竹笋—幼竹的高生长完成过程中，随着竹秆上的笋箨脱落，抽枝展叶，完成秆形生长。

4.2　经济竹种适生环境

4.2.1　竹子的适生气候

绝大多数竹子要求温暖湿润的气候。

1. 不同的竹种适生气候不同

(1)在竹子分布的北缘地带，年降雨量少而集中，干旱期长，蒸发量大，冬季寒冷多风，适应这种环境的竹种少，只有对不良环境(干旱、寒冷)有较强抵抗力的散生型和混生型竹子。因为此类竹子地下茎较深，鞭根和笋芽得到较好保护，且出笋在春季，到入冬前新竹已较稳固，抵抗力强。

(2)在分布区的南缘，气候温暖，雨量充沛，环境优越，适合这种环境的竹种数量增多，以丛生竹和地下茎较浅竹种为多。因为此类竹种地下茎入土浅，部分秆基及芽眼经常露出地面，且出笋期在夏秋季节，入冬前新竹的木质化程度较差，对寒冷和干旱抵抗力弱。

(3)在垂直分布上海拔上升，温度降低，丛生竹减少，散生竹增加。

2. 水分(降雨量)

对竹子的分布和生长起重要作用。年降雨量和降水量的分布对竹子的水分供应很重要，因为竹子的年生长量主要集中在竹鞭生长、孕笋、出笋期及地上部分的生长期，这些都是在短期内完成的，此期间需要大量的水分供应。

如毛竹林生长最旺盛都在年降雨量 1400 mm 以上的地区。在一年内毛竹有两个最重要的需水季节，一是秋季(孕笋期)，二是出笋期间。

3. 温度

温度是竹子生存和分布的主导因素。散生竹和混生竹比丛生竹更耐寒，同一类型的不同属、种，对温度适应也有差异。每一竹种分布区内，温度影响竹子生长。竹类大都喜欢温暖湿润的气候，一般生长于年平均温度 12～22 ℃，年降水量 1000～2000 mm 的环境。

例如，毛竹在冬季适当低温，以利在休眠期积累养分，第二年发笋长竹多；而春笋出土时，若遇上倒春寒，会影响春笋正常生长，产生大量退笋。

4.2.2 竹子的适生土壤

影响竹子生长的土壤因子主要有土层厚度、土壤容重、土壤质地、土壤孔性及土壤水分、土壤养分等。竹子地下茎错综复杂，吸收量大，对土壤条件要求高于一般树种。散生竹的根系入土较深，鞭根和竹秆也较稀疏分散，对土壤的要求不如丛生竹，所以适应性强，分布也较广。以毛竹为例，适生土壤为：

(1)土层深厚肥沃，富含有机质和矿质营养。

(2)质地疏松，水分充足(有利地下鞭延伸，竹笋出土)。

(3)微酸性土壤，pH 4.5～7.0。俗称乌沙土的是毛竹生长最好的土壤，其次为沙壤土。

4.2.3 竹子的适生地形

海拔、坡位为主导因子。地形条件是一个间接因子，可以通过对温度、水分、土壤条件等因子的再分配影响到毛竹的生长。在地形因子中主要有海拔、坡位、坡度等。

1. 海拔

一般来说，海拔高度增加，气温下降，湿度逐渐增大，蒸发量减少，土壤有机质含量增加，对毛竹生长有利，但海拔过高，虽然湿度大，蒸腾小，但温度过低，也影响毛竹的正常生长。据调查，毛竹产量最高的海拔多在 300～800 m，且在山凹和山坡下部，坡度较缓的为好(因为这些地方土层厚，腐殖质丰富，肥力高，疏松，水分充足，风力小)。根据毛竹的垂直分布，可分为若干适宜带：海拔 400～900 m，为中低山、丘陵，年均温较低，但降雨量大，蒸发量小，空气相对湿度大，土壤多为山地黄红壤、黄壤，毛竹生长好，为最适宜带；海拔 250～400 m 或 900～1200 m，温度低，相对湿度大，土壤多为红壤、黄红壤、黄壤，毛竹生长仅次于中低山区，为适宜带；海拔小于 250 m，降雨量小，温度高，蒸腾量大，相对湿度小，土壤多为红壤，肥力中等，毛竹生长一般，为较适宜带。

2. 坡位、坡向

在同一海拔适宜带内，由于坡位、坡向不同，日照强度、日照时间不同，土壤中的水分、养分、温度也发生变化。总的来说，光照、温度等条件，阳坡好于阴坡，而土壤含水量、有机质含量、速效氮等阴坡好于阳坡；同样，在山坡下部，土层厚度大，土壤水分、有机质含量等比上坡高。坡向、坡位小气候和土壤条件的差异对毛竹生长产生了较大的影响：生长在阳坡的竹林，春季萌动较早，年生长期较长，竹笋萌发数量多，但竹个体较小，新竹节间长度较短，竹高及枝下高低，竹材质坚硬；而阴坡的竹林则相反，年生长期短，竹笋萌发量少，但笋个体较大，新竹节间长，竹材粗长，材质柔韧性能好。另外，从竹林生长的各项指标上看，下坡竹林比上坡竹林要好。

3. 坡度

坡度的大小直接影响到水土流失程度，关系到土层厚度、腐殖质含量、土壤含水量及土壤物理性状，对毛竹林的生长的影响甚大。一般来说，坡度大的地方(25°以上)，水土流失严重，表土层浅薄，有机质含量低，保水保肥能力差，毛竹林生长不良。坡度较缓的地方(10°～25°)，水土流失不大，有些地块甚至有一定的积蓄表土的作用，土层(特别是腐殖质层)较厚，有机质含量较多，土壤湿度适中，也比较通气，排水保肥性能好，对竹林生长最为利。而在平地，虽然土层较深厚，但排水不良，往往土壤过于潮湿，甚至出现积水现象，引起通气不良，对竹林生长也不利。

如毛竹产量最高多在 300～800 m，且在山凹和山坡下部，坡度较缓的地方为好。从生竹分布海拔较低，在山凹、山麓、平地、溪河两岸冲积地生长最好。

本章小结

竹子的生长发育规律与一般树木差别很大，散生竹地下茎(竹鞭)年生长一般从 4—5 月份开始生长，8 月份左右进入生长高峰，10 月份左右生长缓慢并进入休眠。毛竹竹鞭的寿命一般为 12～15 年，根据生长特点可分为幼年鞭、壮年鞭、老年鞭，发笋、成竹及繁殖的竹鞭主要是壮年鞭。毛竹笋生长一般跨越两年，从 9 月份至翌年的 4 月份，有冬笋和春笋之分。毛竹竹秆高生长一般在 45～60 天内完成，可分为初期、上升期、旺盛期和末期。毛竹的成竹生长一般 7 年以上，主要是物理力学性状发生变化，可分为幼龄阶段、壮龄阶段、中龄阶段、老龄阶段，壮龄阶段是长鞭、发笋的阶段，中龄阶段是竹秆成熟阶段，可进行采伐。从生竹没有竹鞭，其竹秆生长与散生竹相似。影响竹子生长的环境主要有气候、地形、土壤等因子，适宜温暖、湿润，中低山、山凹、山麓、平地、溪河两岸土层深厚肥沃的地方生长。

思考题

是非题

1. 从生竹比散生竹更不耐寒。(　　)

2. 大小年并不是毛竹林分固有的特征。(　　)

3. 竹秆具凹槽的竹子，一般比较耐寒。(　　)

4. 竹子径生长靠节隔的伸长来实现，节隔也是横向输导水分和养分的“桥梁”。(　　)

5. 毛竹笋期可分为初期、盛期、末期，盛产期笋产量高，质量好，初期、末期笋产量少，笋体小，成竹率低。(　　)

6. 毛竹林开花之前出笋很少，叶变黄、脱落或换生变形叶，开花年龄 25 年左右。(　　)

7. 毛竹幼竹生长，各节的生长不是同时开始和结束的，生长速度按慢—快—慢进行，直到停止。(　　)

8. 毛竹冬季应适当低温，使之进行正常的休眠积聚足够的养分，第二年笋产量较高。(　　)

9. 竹子的成竹生长可分为幼龄、壮龄、中龄阶段、老龄阶段，中龄阶段新陈代谢处在稳定状态，此时材质生长最好，应进行采伐。(　　)

10. 散生竹林的繁殖更新通过竹鞭上芽萌笋成竹，而秆基上则无根无芽，所以不能形成丛生竹林。（　　）

11. 毛竹笋形成和生长一年中，有两个重要的需水季节，一是前一年的孕笋阶段，二是出笋前的春季。（　　）

第 5 章

毛竹高效栽培技术

毛竹是我国最主要的笋竹两用竹种，它在福建省竹种中占绝大部分，也是最重要的经济竹种。但目前在经营毛竹林过程中存在着管理粗放、竹林结构不合理、年龄老化、经营目标不明确的现象，造成现有毛竹林生长低下、产量低、质量差等，没有充分发挥应有的生长潜力。

本章主要介绍毛竹营造技术、幼林抚育、毛竹林高效栽培技术措施及不同经营目标毛竹林的栽培技术。

5.1　毛竹林营造技术

5.1.1　毛竹育苗

1. 种子育苗

毛竹造林目前大多采用移栽母竹造林，但在毛竹林少的地区，而需要大面积造林时，适合采用种子育苗，进行实生苗造林。

毛竹种子育苗具有适应性强，可扩大引种区域，成苗率高，发笋旺盛，运载方便和成本低等优点。可在短期内生产大量的毛竹苗，是多快好省发展毛竹的重要途径。缺点是竹子不易开花结实，有的虽然开花但结实率极低，往往不能及时采收到种子，同时实生苗造林成林的产笋期较迟。

(1)种子采集与贮藏、调运：毛竹很少开花结实，偶尔出现成片开花结实，可进行种子采集。毛竹多数在春夏之间(5—6 月)开花，种实成熟期在秋季(8—10 月)，种子成熟后自然脱落，应立即采收种子，可砍倒结实竹株，摘下果枝，稍晒干、脱粒、除净杂质后可立即播种。如不能立即播种，可把种子干燥处理后，用麻袋、布袋装好，贮藏在阴凉、通风、干燥的室内，一般可贮藏 2～3 个月，但不宜超过 6 个月。否则，平均发芽率降低 5%以下，若更长时间，种子会全部丧失发芽能力。种子育苗宜随采随播(秋播)，若长时间贮藏，宜贮藏在 0～5 ℃低温的种子冷库内(保存期可达一年)。种子丰年地区可向需种地区调拨，运输前应用布袋包装好，贴上标签，运输过程中应注意防止受潮发热，到目的地后马上贮藏或播种。播种用的种子千粒重应在 20 g 以上，发芽率在 30%以上。

(2)播种前的种子处理：播种前先用清水洗净种子，用 0.3%的高锰酸钾浸种 24 h 或用 2%的硫酸铜浸种 5 min(或用 3%双氧水浸种 1～2 h)，然后用 30～40 ℃的温水浸种 24 h 或用吲哚丁酸 100～150 mg/L 浸种 24 h，以提高发芽率，防止幼苗根腐病，且能提早发芽，促使发芽整齐，生长均匀。

(3)苗圃地选择与整地：播种地选择疏松、湿润、肥沃、排水良好的沙壤土或壤土。圃地应经过深耕细整，施足基肥，耕地深度在 20 cm 左右，施基肥的种类和数量因地制宜。一般三犁三耙后做好高床(一般床高 25～30 cm，床宽 1 m 左右，床长因地形而定，一般为 10 m 左右)，缓坡地上苗床方向与等高线平行。播种前用托布津、多菌灵、退菌特或浓度 3%的皂矾液进行土壤消毒。

(4)播种：播种时间一般在 2—3 月份的早春，有时也可随采随播(秋播)，南方土壤不解冻，可提早到冬季(12 月至翌年 1 月)进行。播种方法有穴播、条播、撒播。穴播和条播可在苗床上直接开沟播种，沟距 20～25 cm，沟深 10～15 cm，沟宽 10～15 cm，在沟内撒播或按 15～20 cm 间距穴播。小粒种子每穴可播种 10～15 粒种子(质量好的大粒种子每穴播种 4～5 粒)。撒播可在苗床上直接均匀播种。播后用黄心土、火烧土覆盖，厚度以不见种子为度，并盖上一层 2～3 cm 厚的稻草或其他杂草并经常喷水，以保持苗床湿润，若遇干旱天气应及时浇水。播种量每公顷 20 kg 左右。

(5)苗期管理：苗期管理是培育毛竹壮苗的技术关键。毛竹春播后 20～30 天种子开始发芽出土，毛竹幼苗出土后应及时分批揭除覆盖物，待大部分幼苗出土后再把全部覆盖物揭除。春播育苗应及早搭设荫棚遮阴，防止高温、日灼及干旱危害，遮阴的透光度可控制在 40%～50%，以保证幼苗免受雨水冲击，促进苗期的扎根生长，免受烈日曝晒，减少水分蒸发和竹苗的蒸腾作用，增加分蘖数量。处暑后撤除，否则影响光照。幼苗出齐后定期喷 1∶1∶200 波尔多液，并注意防鼠害和病虫害。苗期应经常喷水，保持苗床湿润，喷水时间可在早、晚进行。在雨季应注意排水，防止积水烂根。及时松土除草，一般在幼苗出土后 15 天左右就可进行，以后每隔半个月进行一次。松土深度以 4～5 cm 为宜，掌握除早、除小、除了的原则，干旱季节最好在拔草前后进行喷水。及时施足肥料，肥料种类以充分腐熟的人畜粪尿、化肥等为主，采用先稀后浓、少量多次的方法。毛竹一般在出苗 2 个月后开始分蘖，9—11 月份是分蘖的盛期。当幼苗经过 2～3 次分蘖后，应及时剪去顶梢，留苗高 30 cm 左右，培土施肥，促进分蘖苗生长。冬季应注意做好防寒保苗工作。秋后及时停止施用速效性的氮肥，多施磷、钾肥；并采取其他防寒措施，如设风障，防止寒流侵袭，覆盖稻草，施热性肥料，提高土温，浇足封冻越冬水等。毛竹一般经 1～2 年生长，可产生竹鞭，起苗后残留的竹鞭至翌年又可繁殖成竹苗，从而可成为“可持续性”苗圃。

(6)移苗补苗：幼苗出苗后，由于种种原因会造成缺苗、疏密不均等现象，应及时进行移苗和补苗工作。当穴内苗株过多(每穴留 1～3 株为宜)，不仅生长受到影响，而且妨碍竹苗进一步分蘖，所以，应在苗木出土后 1 个月左右，选在阴天将过多苗株用竹签连根带土移出，补在缺苗的地方。移植时，应做到随起随栽，苗根舒展，深浅适宜。移植后，立即浇定根水，并覆一层松土，以后要经常浇水，加强水肥管理，使竹苗分布均匀，生长健壮，增加产苗量及提高苗木质量。

2. 无性繁殖育苗

利用播种培育的实生苗具有分蘖的特性，毛竹可以进行无性繁殖育苗。此法育苗技术简单，可以生产大量的苗木。目前主要有分株育苗、埋鞭育苗、留床连续育苗、鞭根移栽育苗、次生枝育苗、移笋法、扦插育苗等方法。

(1)分株育苗：利用毛竹实生苗具有丛生分蘖的特性，于立春左右，在一年生毛竹实生幼苗上，用剪刀小心分离带根的单株，并剪去 1/3～1/2 枝叶，根部沾黄泥浆(拌适量磷肥)或 ABT 生根粉，按株行距 30～40 cm 移植于圃地上。培育分蘖苗，一年后可分蘖 10 株左右，第二年春天，按同样方法继续分株培育，这样经过 2 年移栽(一般全年可分蘖 5～6 次)，1 株幼苗可分蘖成 20 株以上竹苗，苗高 1 m 左右，每公顷产竹苗 15 万丛左右。造林时，每丛可分成 2～3 个小丛，每公顷苗木产量可供造林 600 ha 以上。

(2)埋鞭育苗：利用毛竹竹鞭能抽鞭发笋的特性来繁育竹苗。圃地选择条件、整地、施基肥、作床与种子育苗相似，苗床先做成条沟，沟宽和深都是 10 cm 左右，条距 25～30 cm。在立春前后(2—3 月份左右)，挖取一年生分蘖苗时，截取幼嫩竹鞭，截成 15 cm 左右长，把竹鞭平放沟内，侧芽向两侧，盖土 5 cm 并踩实，上面覆一层松土并盖草保湿。4—5 月鞭上芽陆续萌发长成竹苗。一般每段竹鞭上以保留 2～3 条竹苗为宜，其余剪去，并注意松土除草、施肥、灌溉、抗旱保苗，此法育苗成活率可达 70%左右。

(3)留床连续育苗：在挖取 2～3 年生留床苗时，每平方米留下 1～2 株，后将苗圃进行平整、施肥、松土除草、灌溉等，以促进分蘖苗的生长。当年 3—4 月，残留在地下的竹鞭就可萌发出大量竹苗，苗高约 1 m，至翌春，即可挖取这些小竹株造林，每公顷可产竹苗 5 万～6 万株。虽然，此法在挖运和种植上不如一年生幼苗、分株幼苗、埋鞭幼苗、根株幼苗等方便，但育苗成本低，可做永久性苗木供应基地。

(4)鞭根移栽育苗：这种育苗方法与埋鞭育苗有相似之处，所不同的是鞭根移栽所用的竹鞭为竹林中的壮龄阶段的竹鞭。因为竹鞭太幼，组织幼嫩，营养物质少，发笋能力弱；若竹鞭太老，生理代谢能力弱，细胞分裂能力差，竹鞭内的水分、营养物质锐减，抽鞭发笋能力很弱。育苗方法是：在春季挖取鞭色鲜黄、芽苞饱满、根子比较发达的壮龄竹鞭，截成 30～40 cm，鞭上应保留有 2～3 个芽，后移植于苗床上，可采用条植，条距 30～40 cm，覆土约 10 cm 再盖草，过 1～2 个月即可发笋成竹。移鞭在 2—3 月份的雨后或阴、小雨天进行，此次育苗成活率可达 70%左右。

(5)次生枝育苗：毛竹次生丛生枝育苗方法是：采用 1000 mg/L 浓度的乙烯对当年生的毛竹新生叶进行喷射，过一段时间新竹枝节上均会产生次生丛生枝，当每一分蘖都已长出 2～4 个张开的叶片时(时间约在喷射后一个半月左右)进行埋栽。在埋栽之前，在其母竹一侧的空地上仔细整好苗圃地，其面积略大于竹冠一侧的面积，整地的深度约 20 cm，并施足基肥，土壤干旱时，事先应浇水，保证圃地湿润。埋栽时，先将母竹上的初生叶全部摘除，再将母竹主秆紧压在圃地上，并用倒钩的木桩固定好，然后用小锄在圃地上沿主秆及各个大枝条位置开沟，沟深 10～15 cm，把主秆及各个大枝条埋入沟内，再按一定顺序将次生丛生枝埋入土中。埋土深度以其张开叶被埋入土中为度(主秆可埋深些)，最后喷水，并经常保持土壤湿润，酌情施肥。一般可每隔 20 天左右施肥一次，肥料以稀浓度的农家肥为好。此法育苗较为繁杂，在生产上应用较少。

(6)扦插育苗：取 1～3 年生、竹秆地径粗 0.6 cm 左右的健康竹株，从发枝节起每两节截成一段，并进行修枝，主枝留2～3节，侧枝留1～2节。修完后，将插条按15 cm×30 cm的株行距斜插于苗床上，露出1～2个枝节，扦插后用稻草覆盖，浇洒足水并盖上塑料薄膜。扦插育苗因成活率、成苗率较低，在生产上应用不多。

3. 苗木规格、产量

毛竹苗质量好坏直接影响造林成活率、造林成本及郁闭早晚，在生产上应采用苗木质量好的合格苗造林。毛竹合格苗规格一般可从苗高、地径、竹鞭长度等指标反映。

根据福建省地方标准(DB35/T95.2-1999)，毛竹播种苗和无性繁殖苗的合格苗规格、产量如表5-1所示：

表5-1 毛竹播种苗和无性繁殖苗的合格苗规格、产量

苗木种类	合格苗规格/cm				产苗量/(丛/ha)
	苗 高	地 径	鞭 长	株/丛	
播种苗	≥30	≥0.3	≥20	3～4	140000～160000
无性繁殖苗	≥60	≥0.6	≥30	1～2	80000～100000

4. 竹苗调查及出圃

(1)竹苗调查：苗木调查主要是了解竹苗的产苗量和苗木质量，以便为苗木出圃做好准备，并总结育苗经验，为改善以后育苗措施提供依据。

苗木调查时间应在冬季竹苗休眠后进行，调查方法可采用标准行或样方法，并确定合理的样方数量和标准行数量。调查的主要内容有合格苗的株数、苗高、地径、竹鞭长等，并预测合格苗产量。

(2)竹苗出圃：合格苗可出圃造林，苗木出圃是育苗的最后一道工序，出圃工作做得好坏影响已培育的苗木质量和合格苗产量。包括起苗、分级和统计、假植和贮藏、包装、运输几个环节。

①起苗。起苗时间应与造林时间相衔接，尽量做到随起随栽。起苗前一周左右，应修剪梢部枝叶1/3～1/2，保留3～4盘枝叶。可在雨后土壤较湿时起苗，若土壤较干时，起苗前可适当灌水。起苗深度约25 cm，每丛带竹鞭长15～25 cm，并多带宿土，宿土松脱了的裸根苗应沾黄泥浆，泥浆中可加入少量磷肥，以促进鞭根生长。按照要求，一般一年生播种苗每丛保留3～4株，移植苗每丛保留1～2株。起苗过程中，应保护好竹鞭及根系，防止竹苗过分失水干燥和机械损伤。

②分级和统计。分级应根据苗木质量指标分成不同的等级，生产上一般以苗高、粗度及鞭根生长状况为主进行分级。苗木等级一般可分为Ⅰ、Ⅱ、Ⅲ三个等级。Ⅰ、Ⅱ级苗为合格苗，可出圃造林；Ⅲ级苗为小苗，不能出圃造林，需继续培育；有机械损伤及病虫害的苗木为废苗。统计是计算各级苗的产量，废苗不计入产量。统计一般与分级工作同时进行，可按分级标准直接统计各级苗的数量。

③假植和贮藏。起苗后如不能及时造林或栽不完的苗木，应进行假植(临时性埋植)。假植可选在排水良好、无风背阴处地方，先挖假植沟，然后把竹苗整齐排入沟内，覆土、踏实，并注意保湿，防止水分过度丧失。有时也可把苗木放入低温库内或窑内保存，贮藏期间应保持贮藏温度在0～5 ℃，空气相对湿度在85%以上，并有一定的通气条件。

④包装。苗木需要长途运输时，应进行妥当包扎。包扎时可用草帘、蒲包、塑料薄膜包

装，在竹蔸鞭根处填充湿润物，以保持根系不干燥为原则。

⑤运输。包装后应立即运输，在运输过程中，要专人检查、保护，经常检查包内的温度、湿度，防止风吹日晒。如果温度过高，要将包打开，适当通风，并换湿草以免发热；若发现湿度不够要适当加水。运到目的地后立即假植或造林。

5.1.2　造林地选择

1. 气候

中亚热带，年均温 14～20 ℃，年降雨量 1400～2200 mm，年均相对湿度 85%以上。

2. 地形

阴坡好于阳坡（影响不大），海拔 300～1000 m，坡度 30°以下，坡位中下，山谷、山窝、山洼地带。

3. 土壤

土层厚度大于 80 cm，疏松、肥沃（腐殖质层厚 10～20 cm），水肥条件好的微酸性土壤，福建俗称“乌沙土”的土壤最为适宜。1、2 级地。在《福建省毛竹丰产技术标准》中规定，在小班中，1、2 级地应占 85%以上。

5.1.3　林地清理、整地

1. 清理

大多采用劈草炼山，也可用劈草带状堆积腐烂。在杂草、灌木少的地方可不清理林地，待整地时直接开垦，将杂草、灌木埋入土中。时间一般在造林前一年夏季（高温，多雨，杂草易干，腐烂；生长旺盛，养分大部分从根部输出，不易萌芽，种子尚未成熟）。

2. 翻土

有全翻（20°以下）、带翻（20°～30°）、块翻（30°以上）。深度一般在 20～25 cm，表土翻入底层，有利于有机质分解，底土翻上来有利于矿物质转化。除净杂草、石块、草根。

3. 挖穴

移竹造林：长×宽×深：1.5 m×0.5 m×0.5 m。

实生苗造林：长×宽×深：0.5 m×0.5 m×0.4 m。

移鞭或移蔸造林：长×宽×深：1.5 m×0.5 m×0.4 m。

造林前一个月挖好，表土、心土分开放，挖大穴、明穴，回表土，品字形配置，在坡地穴长边与等高线平行。立地稍差的可施基肥，以有机肥、土杂肥为主，或每穴施磷肥半斤。

5.1.4　造林季节

于 11 月至翌春 2 月较好，一般在 1—2 月份的阴天、小雨天（气温低，湿度大，处于休眠，鞭根养分多，竹液流动小）。移鞭或截秆造林可在 2 月份，太早，鞭在土中时间长，养分消耗多，不利于出笋和新竹生长。

5.1.5 造林(更新)方法

1. 移竹造林

(1)选择母竹:年龄1～2年生母竹,所连竹鞭为壮龄鞭(金黄色,侧芽肥大)。直径4～6 cm,生长健壮,枝叶繁茂,竹节正常,无病虫害(节子过密,往往生长不良)。

(2)造林密度:26～33株/亩,即株行距5 m×5 m或4 m×5 m。三角形配置。

(3)挖掘母竹:判断竹鞭走向,大多数竹子的最下一盘枝的方向与竹鞭走向大致平行,来鞭侧芽朝向母竹,去鞭侧芽背向母竹。

去顶梢:挖前留枝4～5盘,切去顶端,切口倾斜,并用黄心土堵塞或薄膜包扎。

切断竹鞭:来鞭(多与老鞭相连,发笋及长势较差)30～40 cm,去鞭(多与新竹相连,发笋力强,长势旺盛)40～50 cm,要求切口平滑,多带鞭根、鞭芽,不伤母竹。当天挖当天造,不超过2天(切口应涂墨汁或黄心土黏土塞住或火烧,以便减少水分蒸发和霉菌感染)。带宿土15～20 kg。

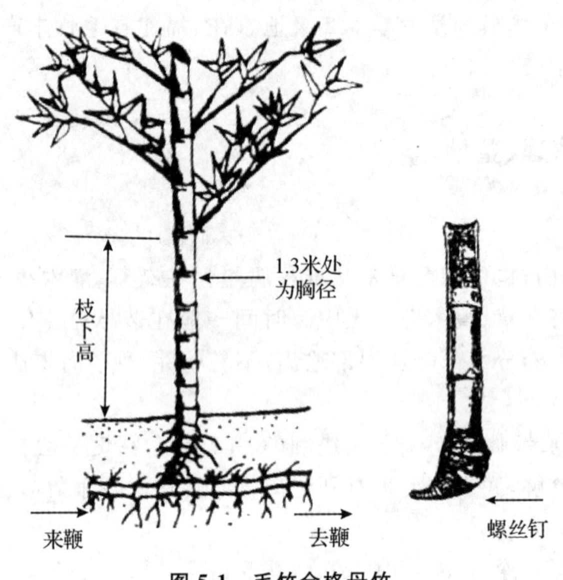

图5-1 毛竹合格母竹

(4)运输:短距离运输时不包扎,运输时应注意不伤母竹。

长距离运输时包扎,用稻草或草袋将竹鞭和宿土包住,再用草绳捆扎起来。

(5)栽植:有条件可在造林前一周施基肥,如农家肥(50～100斤/穴)、化肥(过磷酸钙0.5斤/穴),肥料与表土拌匀,填入穴中。

①栽植时先把表土垫于穴底10～15 cm。②解捆并将母竹轻放穴中,来鞭靠穴,去鞭留空,使根系舒展后填土。③边覆土边踏实(不要太用力),厚度比土痕深3～5 cm,再培成馒头形松土(高出地面10～15 cm)。最好再盖稻草。

2. 实生苗或无性繁殖苗造林

(1)苗木规格:2年生苗(最好)或3年生,无病虫害。

(2)造林密度:55株/亩,株行距3 m×4 m;42株/亩,株行距4 m×4 m。

图 5-2　毛竹栽植

(3)起苗:带鞭 10～15 cm,不伤鞭,不伤根,剪掉枝叶 1/3～1/2,进行包扎。

(4)造林:当天起苗当天造,最迟不超过 2 天,有条件可施基肥。施工方法与移竹造林相似。

3. 移鞭造林

此种方法简单易行,但切鞭时根受伤多,不易长新根,造林成活率低,长出的新竹小,成林成材较迟,目前采用不多,只在母竹来源不足和搬运困难的情况下才用移鞭造林。方法是:选择壮龄鞭,小心挖取,截取长 1～1.3 m 的鞭段。取鞭时应注意不能伤其鞭芽,做到切口平,鞭根要尽量完整,多带宿土。运输时离造林地远的地方,母竹竹鞭应进行包扎,并注意保湿。栽植时一穴栽两根竹鞭,栽植要求与栽母竹相似,覆土厚度 10 cm 左右,略高于地面。

4. 截秆移蔸造林

此法与毛竹母竹栽植相似。运输上比母竹造林方便,锯下的竹材仍可利用,节省开支,但挖掘或搬运不小心,往往会压伤或碰伤笋芽,影响造林成效。做法是:选择 1～2 年生生长健壮的母竹,在基部离地面 20 cm 处截断竹秆,然后,按移母竹造林方法挖掘、运输竹蔸到造林地进行栽植,栽植方法可参照移母竹造林。

5. 林地套种毛竹

在适宜的疏林地、低产林或间伐后的林分内可套种毛竹。在马尾松林下套种毛竹,是一种比较合理的深根型与浅根型的复合栽培,能有效地利用环境资源,尤其在阳坡、山坡中上部或较高海拔的山地,高大耸立的马尾松对毛竹能起到良好的保护作用,可减少雪压,促进毛竹生长,毛竹高大通直;在杉木幼林中套种毛竹,一般应在杉木达到Ⅱ龄级间伐之后;杉木疏林地或立地较好的杉木低产林,可选择在山洼、沟谷、林窗零星套种毛竹,套种后成活率高,抽鞭长竹成林快。套种前应先进行带状或块状清理、整地,带宽可达 1～1.5 m,块状可采用 1.5 m 左右见方,深度 20～30 cm,后挖穴。造林穴规格及造林方法可参照母竹造林法。

6. 扩鞭法(竹鞭诱导法)

此法是利用毛竹鞭具有趋肥、趋松土和向南、向东方向及向上坡伸展的特性,来扩大毛竹林面积,具有投资省、成本低、见效快、效益好等优点。如抚育管理好,5～6 年就可成林成材。已有毛竹林资源的地方可用此法扩大竹林面积。

在每年的5—9月竹鞭生长活动期间，在原有竹林的南面、东面、上坡边缘地段离竹林边缘2～3 m的宽度内，全面清除杂草灌木，并翻垦土壤，深度20～30 cm，挖净树桩，捡净石块草根，再施入厩肥、堆肥、化肥（磷肥）。有时也可种植豆科作物或绿肥，以诱导鞭根向此扩展，并发笋长竹，以不断扩大竹林面积。

5.1.6 幼林抚育

1. 幼竹养护

(1)风大地区设支架。

(2)防止露根（鞭），防病虫、人畜危害。

2. 成活率检查、补植

一般在当年秋季检查，成活标准为长新鞭（而不是长笋，造林当年可长新笋）。成活率达不到90%，对死亡植株应挖取，并及时补植（翌春）。

3. 松土除草

每年至少2次，5月和9月，全锄带状堆，松土深度5～7 cm，以母竹为中心扩大。方式一般采用全面锄草，块状松土。

4. 深翻垦复

造林后3～4年进行一次深翻垦复、扩穴改土（因为整地有效期一般为3～4年），深度为20 cm。

5. 水肥管理

半个月内不降雨要灌水，每年适当施肥（或两年施一次，在发笋小年促进孕笋），5月份最好，施氮、磷为主的复合肥，0.25 kg/株，并年年增加，施农家肥更好。可开沟深施覆土（促进竹鞭往深层扩展），也可在出笋前冬末或幼竹长成后的7—8月份。

6. 疏笋

每年每株留2个健壮笋育竹，其余疏去，以利长鞭和留笋增粗，提早成林。新造毛竹长出的新竹胸径一般只有3～4 cm，竹高只有3～4 m，以后慢慢加大，大概每度新竹胸径增粗1 cm，竹高上升1～2 m。

7. 砍老竹

6年生以上竹（4度）可砍掉，具体间伐株数应考虑保留足够的底竹，间伐后竹林每度每亩应递增35、45、55、65株新竹。

8. 林地间种

在造林后的3～4年内，因郁闭度小，林地空间大，可进行林地套种，既可覆盖土壤，减少水土流失，改良土壤，又可以耕代抚减少抚育费用，获得一定的经济收入，还能促进幼林生长。

(1)套种时间：原则上在造林后3～4年前，根据竹林生长情况，考虑套种时间，尽量不应影响到毛竹正常的出笋及竹鞭生长。

(2)套种作物类型：①农作物：以选择豆科作物为好，如大豆、绿豆、豇豆等，因豆科作物有根瘤菌，可以固定大气中的氮气，自造土壤中的氮肥。因此，间种豆科作物的竹林，只要播

种前施些基肥以后可不必施肥或适当施一些磷肥，促进根瘤菌发展。等农作物收成后把秸秆埋入土中，就可起到施肥的作用。此外也可选择西瓜、薯类、油菜、山苍子等非豆科作物，间种非豆科农作物除中耕除草外，还要适量施肥，以免消耗地力。但应尽量避免间种消耗地力大的作物（如芝麻）或高秆农作物（如玉米、高粱）。

②药材等：除套种农作物外，可套种 1～2 年生药材或夏季作凉粉的仙草，如砂仁、天麻、仙人草、薏米、生姜等。

③套种绿肥：若间种目的主要是以改良土壤，提高土壤肥力为主，最好套种一些豆科绿肥，如猪屎豆、胡枝子、苕子、苜蓿、紫云英、竹豆、无刺含羞草等。这些绿肥不但有根瘤菌，而且枝叶生物量大，各种元素含量多，改良土壤效果较好，对竹林生长有很大的促进作用。

(3)间种要求：套种应以有利于毛竹林生长为原则，并兼顾改良土壤，防止水土流失，达到竹农并举，既增加收入，又能促进竹林生长的目的。尽量选择经济价值高、容易种植、能覆盖林地的作物，而且在间种过程中应注意不可损伤竹株、竹鞭和竹笋。随着毛竹新鞭的延伸，毛竹立竹度提高，可能出现竞争，影响毛竹生长时，应及时停止套种。

5.2　毛竹林丰产高效经营技术

5.2.1　毛竹丰产高效笋竹两用林经营技术

丰产指标：

材用林：产材 40 根/年亩，产笋 400～500 kg。

笋用林：产材 25 根/年亩，产笋 750 kg 以上。

两用林：产材 30 根/年亩，产笋 550～660 kg。

决定毛竹林产量的主要因素有三个：立地条件、竹林结构和经营管理。立地条件是产量形成的基础；竹林结构是产量形成的条件，是核心；经营管理是毛竹林结构、产量形成的手段，是一个间接的因子，通过提高立地条件和改善竹林结构而起作用。要达到毛竹的高产、稳产，必须具备适宜的立地条件、合理的竹林结构和科学的经营管理措施。在目前的经营条件下，人们的投入（如深翻垦复、施肥、灌溉）等各项管理措施总是有限的，因而林地的立地条件一般也不容易改变很大，是相对稳定的一个因素，而纯粹地采用高规格的管理措施，有时也受到经济条件的限制，因此，外部措施的干扰及竹林内部自行调节，使竹林形成合理的林分结构是毛竹林丰产的主要途径。人们采用的丰产措施必须以调整竹林结构为指导思想，遵循生态经济原则，这样调整竹林结构才能以最小的投入和最短的时间内获得最大的效益，才能使丰产林的培育达到经济效益、生态效益和社会效益的统一。毛竹林结构包括地上结构和地下结构。合理的毛竹林结构应该具备以下条件：

1. 丰产竹林合理结构（以笋竹两用林为例）

(1)合理林分组成：以纯林为主，以便集约经营，而且与“密”配合，必须集约经营，否则纯林很快败退，地力下降，竹林生态质量下降，病虫害日趋严重，竹林胸径变小，竹高趋矮，很难达到丰产。若为混交林，伴生树种比例应控制在20%～30%(按树冠投影面积计)。混交树种选择应与毛竹的生态要求差别较大(如深根性树种)或具有根瘤自肥能力的或落叶量大能改善土壤理化性质的树种，如杨梅、枫香、椤木石楠、山槐、南岭黄檀、酸枣、拟赤杨、马尾松、红豆树等。

(2)合理的立竹度和年龄结构：采伐年龄定为7年生，立竹度为180株：1度30，2度60，3度60，4度30。采伐年龄定为6年生，立竹度为150株：1度竹30，2度60，3度60。应保证幼壮龄占80%以上。材用林立竹度可为180～220株/亩，1～4度竹各占25%。

(3)合理的整齐度：整齐度是指立竹大小的整齐程度。整齐度的算法有两种：一种是通过林分标准地调查，求出林分立竹平均胸高直径，以上下各1 cm为平均直径范围值，再求林分立竹胸高直径在平均直径范围值内的株数所占的比例。根据比例的大小，整齐度可分为五级。Ⅰ级：90%以上立竹直径在平均直径范围内；Ⅱ级：81%～90%立竹直径在平均直径范围内；Ⅲ级：71%～80%立竹直径在平均直径范围内；Ⅳ级：61%～70%立竹直径在平均直径范围内；Ⅴ级：51%～60%立竹直径在平均直径范围内。丰产毛竹林要求整齐度达到Ⅰ、Ⅱ级水平。第二种算法是通过林分标准地调查，求出平均胸高直径和标准差，算出平均胸高直径与标准差的比值，即为整齐度。公式为：

$$V=\frac{\overline{D}}{\delta_D}=\frac{\frac{1}{n}\sum_{i=1}^{n}D}{\sqrt{\frac{1}{n}\sum_{i=1}^{n}(D^2-\overline{D}^2)}}$$

V—整齐度；

D—每株直径；

$\overline{D}$—平均直径；

δ_D—直径标准差；

n—标准地株数。

也可分为如下几种：整齐度小于5为不整齐竹林，整齐度在5～7之间为一般整齐竹林，整齐度大于7的为整齐竹林。毛竹合理整齐度应是平均单株直径达到10～12 cm，整齐度大于或等于7。

(4)合理的均匀度：均匀度即指林分中立竹分布的均匀程度。均匀度计算也有两种：一是在竹林中均匀设置若干个样地，调查样地内立竹株数，求出若干个样地的平均株数，以上下整数作为平均株数范围值，如平均株数为9.5，则9～10为平均株数范围值，再计算样地株数在平均株数范围值内的样地数比例。样地株数在平均范围值内的样地比例占80%以上者为Ⅰ级，占71%～80%的为Ⅱ级，占61%～71%的为Ⅲ级，占51%～60%的为Ⅳ级，占41%～50%的为Ⅴ级。丰产毛竹林要求均匀度达Ⅰ、Ⅱ级水平。另一种算法是在设立的样地中进行株数调查，求出株数的平均值和标准差，用平均株数和标准差的比值表示均匀度。公式为：

$$F=\frac{\frac{1}{m}\sum_{i=1}^{n}n}{\sqrt{\frac{1}{m}\sum_{i=1}^{m}(n^2-\overline{n}^2)}}$$

F—均匀度；

n—样地株数；

$\overline{n}$—各样地平均株数；

m—样地数量。

均匀度小于 3 的为不均匀竹林，均匀度 3～5 的为一般均匀竹林，均匀度大于 5 的为均匀竹林。丰产毛竹林要求均匀度大于或等于 5 的水平。毛竹合理均匀度应是立竹分布均匀，均匀度大于或等于 5。

（5）合理的叶面积指数：竹林的叶面积指数是指林地单位面积上竹株叶面积总和与土地面积之比值。测定毛竹叶面积指数工作比较繁重，根据有关调查，每千克毛竹叶子的面积大约 10 m^2，平均每片叶子面积 6.81 cm^2，根据此经验数据可测定叶面积指数。另一种方法是把毛竹立竹度、平均胸径与叶面积指数建立回归方程：$L=0.0027\overline{D}^{1.1478958}\cdot N$。其中，$L$—叶面积指数，$\overline{D}$—平均胸径，$N$—立竹度。根据此方程换成表 5-2。

表 5-2　叶面积指数与立竹度、平均胸径关系

平均胸径/cm	立竹密度/(株/ha)					
	1500	2250	3000	3750	4500	5250
7	2.52	3.78	5.04	6.30	7.56	8.82
8	2.94	4.41	5.88	7.34	8.81	10.28
9	3.36	5.04	6.73	8.41	10.09	11.77
10	3.80	5.69	7.59	9.49	11.39	13.28
11	4.23	6.35	8.47	10.59	12.70	14.82
12	4.68	7.02	9.36	13.70	13.04	16.38

叶面积指数大，叶量多，单位面积光能利用率高，产量也高，但增加到一定程度后，叶子上下相互遮盖，被遮盖的叶子不能进行正常的光合作用，有机物质积累不再增加，呼吸消耗量反而加大，所以产量反而下降。毛竹丰产林的叶面积指数在 7～9 之间为合理。

（6）合理的地下结构：竹鞭年龄合理，幼壮龄鞭数占 80%以上；竹鞭网络合理，宽松（应清除衰、老竹鞭）。

单根竹鞭长度合理，1～3 m 长为好（过长，需氮肥多，分鞭数少，总芽数少；过短，养分少，芽数少）。

主导是立竹度和年龄结构。地上结构调整方法：大力护笋养竹，留大去小，合理采伐（伐去小、老竹，确定合理的采伐株数），并加强土壤管理。地下结构的调整主要通过土壤管理，并挖去老蔸、老鞭，拣尽石块、树头等来进行。

（7）合理的大小年竹比例：毛竹丰产林合理的大小年比例为林分中大年竹与小年竹各占一半，即经营花年竹林，因为花年竹林的年龄结构、叶龄结构、生产周期交错，不会出现明显无叶期，每年竹林中的叶量也比较稳定，保持了较高的同化能力；其次，花年竹林在一年中出现的长竹、生鞭、孕笋顺序进行，不会出现激烈的竞争水分、养分现象，能够充分利用土壤中的水分和各种营养元素。同时，立竹密度、叶面积指数高而稳定，能充分利用光能，光合作用产物多，保证每年均匀大量出笋成竹，达到稳定高产。调整毛竹大小年比例（即变为花年竹林）主要措施是合理留笋养竹，加强水肥管理。

毛竹丰产结构指标如表 5-3 所示。

表 5-3　毛竹丰产结构指标

竹林结构因子 \ 经营类型		最适宜区	适宜区	较适宜区
材用竹林	树种组成	10 竹至 7 竹 3 木	10 竹至 8 竹 2 木	10 竹至 8 竹 2 木
	立竹密度/（株/ha）	3750～4520	3600～4500	3600～4500
	经营密度/（株/ha）	3000～3750	2700～3750	2700～3750
	平均胸径/cm	≥10.5	≥10.0	≥9.0
	年龄组成	1～4 度各占 25％	1～4 度各 25％	1～4 度各 25％
	均匀度	≥3	≥3	≥3
	整齐度	≥7	≥7	≥7
笋竹两用林	树种组成	10 竹至 8 竹 2 木	10 竹至 8 竹 2 木	10 竹至 7 竹 3 木
	立竹密度/（株/ha）	2800～3500	2700～3450	2700～3450
	经营密度/（株/ha）	2250～2700	2250～2700	2100～2550
	平均胸径/cm	≥9.5	≥9.0	≥9.0
	年龄组成	1～3 度各占 30％，4 度占 10％	1～3 度各占 30％，4 度占 10％	1～3 度各占 30％，4 度占 10％
	均匀度	≥3	≥3	≥3
	整齐度	≥7	≥7	≥7
笋用竹林	树种组成	10 竹至 9 竹 1 木	10 竹至 9 竹 1 木	
	立竹密度/（株/ha）	2500～2800	2600～2800	
	经营密度/（株/ha）	2000～2250	2000～2250	
	平均胸径/cm	9.0～10.0	8.5～9.5	
	年龄组成	1～3 度各占 30％，4 度占 10％	1～3 度各占 30％，4 度占 10％	
	均匀度	≥3	≥3	
	整齐度	≥7	≥7	
纸浆竹林	树种组成	10 竹至 7 竹 3 木	10 竹至 7 竹 3 木	10 竹至 7 竹 3 木
	立竹密度/（株/ha）	3750～4500	3600～4500	3600～4500
	经营密度/（株/ha）	2400～3000	2400～3000	2400～3000
	平均胸径/cm	≥10.0	≥9.5	≥9
	年龄组成	1～4 度各占 25％	1～4 度各占 25％	1～4 度各占 25％
	均匀度	≥3	≥3	≥3
	整齐度	≥7	≥7	≥7

摘自福建省地方标准《毛竹丰产培育技术》（DB35/95.4-1999）。

2. 丰产竹林的科学经营

一经营级：定期深翻垦复，锄草松土，酌情施肥，合理采伐和护笋养竹，防治病虫害。如建阳、邵武、建瓯、尤溪、沙县部分国有竹林、丰产示范林。

二经营级：每年(二年)劈草抚育，护笋养竹，防治病虫害，分A(合理留笋采伐)和B(挖笋过度，砍伐不合理)。

三经营级：基本上无抚育，只利用，分A(挖、伐基本合理)和B(滥挖滥伐)。

根据福建省自然和经营条件，一经营级应争取达20%(近山、浅山地带)，二级A应占50%以上，三级A可用在边远地区混交林。而目前一级只占10%(1980年1%)，二级占45%。

(1)科学留笋养竹

①留笋量：笋竹两用林30个(材用林40个，笋用林30个)。

②留笋规格：直径10～12 cm，低改期可定在9 cm以上，健康，分布均匀(粗毛有光泽，笋箨片有水珠，无病虫痕迹)。

③留笋期：大年在出笋盛期(前期大多为浅鞭竹长的，量少，体大，但成竹易倒；后期营养不足，量少，体小)，小年无限，留足为止。福建省3月15—25日为初期，3月26日至4月10日为盛期，4月10日以后为末期。

(2)科学冬、春笋生产

①冬笋生产：挖大留小(挖大减少后期营养消耗，促进小笋生长)，不伤鞭根(防止伤流)，挖后覆土(否则影响鞭生长，下雨烂根)。

②春笋生产：除留笋育竹对象外均要生产，主要挖前、后期和中期除留笋量外。时间：笋高20 cm左右，太迟纤维老化，养分消耗多，影响后面笋出土及生长。做到不伤鞭根，及时覆土。

(3)合理采伐利用

①采伐年龄：笋用、两用林定在7年生(或6年生)，材用林定在6年生。而目前许多地方除1度竹外，其余均有不同程度的采伐。

②采伐量：7年生(或6年生)以上的竹数即为采伐量，经数年调整后，采伐量应与留笋量相同。原有立竹度减去保留立竹度即为采伐量，若原有立竹度未达到留养立竹度，而老、小竹又多，可适当伐去部分小、老竹，但立竹度应保留100株以上。

③采伐季节：在晚秋至冬季，10、11、12、1月份(此时，处于休眠阶段，对周围竹影响小，不会造成大量伤流，且竹材性质好，不易虫蛀)。避免在生长季节或孕笋期采伐，否则造成大量伤流，产生哭娘笋或没娘笋。

④采伐技术：齐地采，向山倒，伐后竹蔸打洞(使竹头腐烂)，一周后断梢打枝(若直接打枝断梢，水分不易蒸发，易受病虫危害，重量大，不易集材)。

(4)抚育

①劈山垦复(深翻)：每隔4～5年进行一次(一般在小年进行，大年会伤笋)，深度20～25 cm，由坡下向坡上成鳞片覆盖，土不打碎(否则造成水土流失)，并捡去石块，挖去老树头、老死竹鞭。具体时间可在发笋大年的冬季(已转入小年)或发笋小年的8月份之前，否则伤笋。

②松土除草：每年2次。第一次4—5月份(杂草生长较快，病虫害猖獗，长鞭成竹时

图 5-3 毛竹林抚育

候)，全锄，带状堆，块状松，深 5 cm。第二次 8—9 月份(孕笋时，雨量少，病虫害产卵越冬时)，方法同上。

③劈山清杂：在杂草繁茂的竹林可进行，在 6—8 月份劈草带辅林地，消除藤蔓、杂灌等。

④封山育林：在一段时间(一年或出笋季节)禁挖冬春笋或砍伐(立竹度 100 株/亩以下)。

(5)施肥

是提高笋、竹产量最主要的措施之一。以农家肥、土杂肥、堆肥、饼肥、绿肥等为好。

①有机肥：冬季开沟施，20～40 担/(年·亩)。福建省多数地区很难推广，但以草代肥也是一种施有机肥的方式(结合浅锄进行沟带翻土，把草埋入土中)。

②化肥：分三次。

施肥时间：

2 月份：笋前肥(提高春笋产量)，每亩施 20 kg 尿素加 5 kg 过磷酸钙。

4—5 月份：促鞭肥(使竹鞭长粗、长多)，用量同上，可结合松土除草。

8—9 月份：孕笋肥(提高笋数目)，除上用量外另加每亩氯化钾 5 kg，可结合松土除草。

施肥方式：

竹蔸施肥，开环形沟，开水平沟(隔 1.5 m 开一条，10 cm 深)，施后覆土。

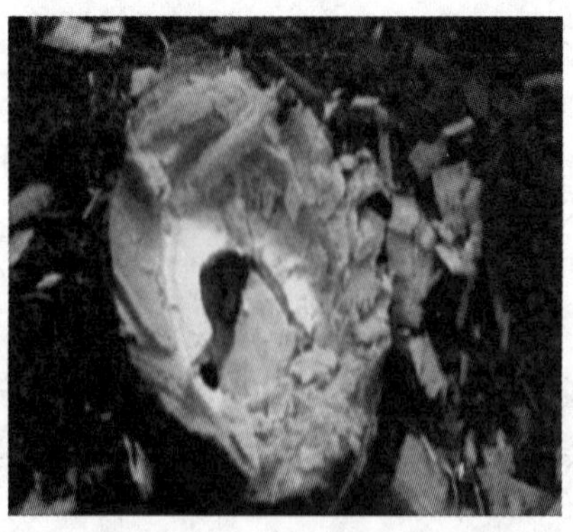

图 5-4 竹蔸施肥

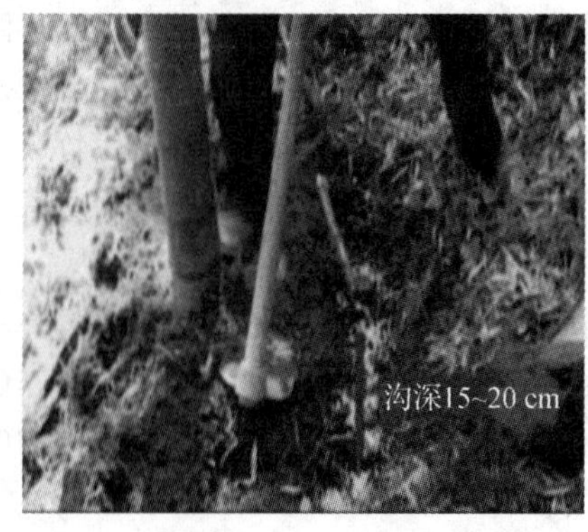

图 5-5 穴状施肥

除以上肥料外，还可施氮、磷、钾复合肥，如毛竹专用复合肥1号，2号竹蔸肥，3、4号土壤肥(每亩分别为15～20 kg和20～25 kg)，FC毛竹专用肥(每亩施20 kg)，可增产30%～45%。

图5-6　沟状施肥

③生长素：如福建农林大学研制的富神牌毛竹增产素，作用是促进吸收氮、磷、钾元素，提高活性，增加抗性，增加叶绿素含量。使用方法：距地面20～30 cm，先用钢钎打孔，再用大型注射器施生长素。每株可用5 mL(原液1 mL＋水4 mL)，注射时间一般在每年9月至12月，于深翻或全锄的竹林中或结合冬季抚育时注射，每亩大约需注射这种增产素1瓶(100 mL)。

④微生物肥：利用有益的微生物如根瘤菌、菌根菌等，如EM生物制剂(日本琉球大学教授比嘉照夫研制)。

图5-7　毛竹林施化肥

图5-8　毛竹林内养鸡

⑤毛竹测土配方施肥：目前毛竹施肥存在的主要问题有：施肥浅或肥料搭配不当；一次施肥过量；过多地使用某种营养元素；施用的肥料以单质肥为主；有机肥施用不科学。而测土配方施肥的主要目的是土壤缺什么元素补充什么元素，竹子需要什么元素补充什么元素，需要多少补充多少，可大大提高毛竹产量，改善毛竹品质，提高化肥利用率和使用效益。

测土配方施肥的主要步骤有：野外调查；采样测试；田间试验；配方设计[足量氮、磷、钾三大元素，竹子生长所必需的有机质、氨基酸，适量的中微量元素及硫、碳组成专肥料，专用肥配方比例按N∶P∶K∶＝6∶1∶2，30%有效量计算，有机质≥20%(鸡粪，竹炭粉＞20%，中微量元素＜1%，能改良土壤结构，提高肥料利用率及促进竹子增产)]；校正试验；配肥加工；示范推广；效果评价；数据库建设。

(6)立体种养：种竹荪、大球盖菇；竹山养羊：出笋后，人工播种牧草(如黑妹草)放羊，几个月后羊即可宰杀；养鸡；间种药材。

(7)钩梢、摇梢：为了防止雪压、冰挂，在新竹长成侧枝高度占全株高2/3左右时，用手把握胸高部位猛力一晃，竹梢立即折断0.5～1 m。关键要掌握时间和力度。可增加立竹度15%～20%，小枝可作扫把，也可出口欧洲(花架)。

(8)挖鞭笋：7—8月份的笋价格高，有的可达每斤十几元。鞭笋比冬笋好吃，但冬笋营养成分比鞭笋和春笋高。每隔1 m挖宽、深各30 cm的沟，施一点肥料，根据竹鞭趋肥性的特点，就可找到鞭笋。

一般来说，笋用林要求最大的投入，对立地要求更高，管理水平也高；材用林对立地要求松一些，投入相对少(除丰产林外)，只要采取一般的经营措施，合理采伐利用，便可实现永续经营；笋竹两用林介于两者之间。

(9)灌溉：关键时期在 8—11 月，连续干旱 20～30 天，应进行 1 次全面灌溉，土地浇透 20～30 cm 深，笋前(2 月份)若遇春旱也应灌溉。

图 5-9　毛竹林喷灌

图 5-10　山地喷灌蓄水池

(10)覆盖：影响毛竹地下竹笋形成和生长、出土的主要因素是温度、水分及竹林本身的营养水平。通过覆盖技术，可保持和提高土壤表层温度，减少地表水分蒸发，提高土壤湿度和保水保肥能力，从而促进竹笋生长，提早出笋，延长出笋期，提高春笋的产量和产值。覆盖的主要措施是：冬季深翻施肥后，把地表土壤整平，并开好排水沟，浇足底水，沿等高线方向从上而下覆盖，尽量把土面盖密(可用稻草、竹叶、地膜等)，并经常检查，防止林地积水。这种方法对提高笋产量有明显的效果，实现了大量“春笋冬出”。

图 5-11　毛竹林覆盖

5.2.2　生态材用林栽培技术

1. 除草松土

可在每年 7—9 月份，在竹林中浅锄。此时正值盛夏，杂草除掉后容易干、腐烂。同时，

杂草种子尚未形成，杜绝了来年杂草的侵入途径。松土深度可达10～15 cm，主要是铲除杂草、灌木，疏松土壤，改善土壤条件，减少杂草、灌木对水分、养分的竞争。

2. 深翻垦复

在冬季深翻土壤20～30 cm，成瓦片状覆盖林地，并除去大石块、草根，挖除灌木根、树桩、老竹蔸、老竹鞭等。一般每4～5年进行一次。

为了防止水土流失，坡度较大的竹林(25°～35°)可用带状深翻垦复，即沿等高线每隔3 m带状松土垦复，每带宽3 m左右，隔年隔带轮流。坡度35°以上的陡坡一般不宜垦复。

3. 合理施肥

集约经营毛竹丰产林，每年都要消耗土壤中大量的养分，及时补充土壤中的养分是保证竹林丰产、稳产的重要措施。

合理施肥应根据竹林现状、土壤养分状况等而定。施有机肥每亩用量3000 kg左右，做法是沿等高线每隔一定距离挖宽80～100 cm、深25～30 cm的沟，然后将准备好的青草、豆科藤蔓或土杂肥、厩肥等(也可两者混合)埋入沟内。对立地状况较好的竹林，可施用速效化肥，材用竹林主要施氮肥，N∶P为5∶1，每亩施用尿素10～15 kg，另加过磷酸钙2～3 kg。每年可分两次施用，即5月施促鞭肥，9月施孕笋肥。施用方法有：

(1)竹桩施肥：即在前一年冬季采伐的竹蔸，用直径2～3 cm粗钢钎将竹蔸内的竹隔全部打通，将化肥施入竹蔸中，每个竹蔸内可施入0.25 kg化肥，然后用泥土盖上封口。

(2)沟施：在竹林中沿等高线开水平沟，间距1～1.5 m，沟深10 cm，在沟内施肥，后盖土。

(3)撒施：结合夏季铲山松土，将肥料均匀撒于林内，锄草松土时将肥料翻入土中。

(4)穴施：在林中均匀地开小穴，后将肥料施入穴中，盖土。

(5)竹腔注射：在竹秆基部20 cm处打洞，把毛竹生长素注射竹腔内。每株可用5 mL(原液1 mL＋水4 mL)，注射时间一般在每年9—12月份，于深翻或全锄的竹林中或结合冬季抚育时注射。每亩大约需注射增产素1瓶(100 mL)。

4. 留笋育竹，调整竹林结构

科学留笋育竹是调整竹林结构的重要措施。

(1)留笋量：材用毛竹林一般立竹密度较大，每年应留足够数量的壮笋育竹。每亩留40个健康、无病虫害的笋，做到分布均匀。竹林保留1～5年生竹，立竹度保留在200株/亩左右。

(2)及时挖笋：为了保证充足的养分供应留笋育竹，对多余的笋、小笋、弱笋、病虫笋及时挖取，挖笋时应注意保护好母竹，防止伤到鞭、根及笋芽，挖后应及时覆土。

5. 合理采伐

采伐季节在秋、冬季。因此时气温低，气候干旱，竹子生理活动减弱，竹秆中大量营养物质转移到根部，竹秆内含水量低，竹液流动缓慢，采伐对竹林影响小，且竹材不易腐烂或虫蛀，竹材质量好。

(1)采伐年龄：毛竹采伐年龄一般为6年生，此时竹子正处于材质生长稳定阶段，竹材物理力学性状好，材质优。

(2)采伐要求：采伐还应注意掌握砍小留大、砍密留稀、砍弱留强的原则。

(3)采伐方法：应齐地采伐，后削枝断梢。采伐后，要及时挖除竹蔸，以免竹蔸占据较多的林地空间而影响到地下竹鞭的生长，或采用竹蔸施肥、劈裂竹蔸等方法加速竹蔸的腐烂。

竹林中应保留与毛竹种间关系比较缓和的树种，如杨梅、枫香等，可培育成混交林。

6. 毛竹复合经营

毛竹复合经营是指在同一土块上，在空间位置上与时间顺序上，将毛竹与农作物、药材或家畜动物等结合在一起而形成的所有土地利用系统的集合。进行毛竹复合经营，可以短养长，以耕代抚，既可在短期内得到一些收益，又可促进毛竹生长，同时也是改善毛竹林内生态环境，维护生态平衡的重要措施。目前在毛竹林内复合经营主要有竹＋农作物、竹＋药材、竹＋食用菌、竹＋家畜动物等模式。

(1)竹、农复合经营：毛竹林内套种农作物是比较常用的复合经营，可在林中套种黄豆、黑麦、蔬菜等，竹农并举，以竹为主。

(2)竹、药材复合经营：我国多数中草药都生长在森林内，很多药材植物具有很强的耐阴特性，甚至有些只能在庇荫的条件下才能生长。在毛竹林中套种药材应根据不同的地区和地形选择种类，福建省可选择黄连、砂仁、生姜、七叶一枝花、乌蔹莓、通托木、黄杞等。

(3)竹、食用菌复合经营：大部分食用菌也来自林内，一般要求湿润环境。在土壤比较阴湿的毛竹林内可套种蘑菇、木耳、金针菇、平菇、竹荪、大球盖菇等食用菌。

(4)竹、畜复合经营：在竹山内养一些家畜(鸡、羊)，既可增加一定的收入，又可利用家畜粪便改良土壤，提高土壤肥力。如竹山养羊，在出笋后，人工播种牧草(黑麦草、高羊茅等)作为羊的饲料，几个月后即可收获。

5.3 毛竹混交林经营技术

毛竹与其他树种混生是一种比较好的经营模式，能充分利用林地空间，肥培林地，改善竹林生态质量，保护生物多样性，实现毛竹丰产、稳产和林地持续经营利用。目前福建省竹林中的毛竹混交林占有较大的比例。

5.3.1 毛竹混交林类型

根据毛竹混交林中树种组成的不同可分为如下几种类型：

1. 竹杉混交林

一般是在杉木林中套种毛竹或周边竹林自然扩鞭繁殖侵入，形成以杉木或毛竹为主的杉竹或竹杉混交林。这种混交林在福建省比较多见，因杉木浅根嗜肥，地下竞争比较激烈，叶尖易刺破竹叶，影响光合作用，因此应确定合理的混交比例。

2. 竹松混交林

一般在马尾松林中套种毛竹或周边毛竹自然侵入，形成各种混交比例的竹松混交。这种混交林种间关系比较缓和，能比较充分地利用种间的有利关系，是合理的一种混交模式。但马尾松根、叶含有松脂，对竹鞭、竹根生长有一定的影响。

3. 竹阔混交林

这种类型一般是由于毛竹扩鞭侵入天然阔叶林，形成竹阔、竹松阔、竹杉阔等混交林。

混交林内温湿度适宜，毛竹生长潜力很大。

5.3.2　竹木混交林的管理措施

1. 调整合理的混交比例

竹木合理的混交比例应根据立地条件及混交树种等而定。一般立地条件好、集约经营的丰产林，伴生树种比例小些；立地条件较差或一般经营的竹林，可适当加大伴生树种的比例。以杉木为目的树种的竹杉混交林一般毛竹比例可控制在 4 成左右，在杉木进入近成熟林以后，随着杉木的择伐利用，毛竹可增加到 6 成，最后逐渐被毛竹所代替；以毛竹为主的竹杉混交林，随着杉木的成熟采伐，毛竹比例也逐渐增加，最终形成毛竹纯林。竹松混交林，马尾松的比例可控制在 3～5 成，随着年龄的增加，可适当采伐，以后每公顷可保留 80 株左右。竹阔混交林根据立地条件确定合理的混交比例：山坡中下部、山洼、阴坡立地条件好的地方，应以发展毛竹为主，竹木混交比例为(8～9)∶(2～1)；中上坡、阳坡、陡坡或立地条件较差的地方，竹木混交比例为(6～7)∶(4～3)。目前毛竹林中伴生的阔叶树已趋减少，对竹林生态稳定性十分不利，因此，不应当盲目推广毛竹纯林，尽可能多保留一些阔叶树种。

2. 确定适宜的混交树种

不同的混交树种其生长特性不同，混交林的种间关系也不同。适宜的混交树种必须与毛竹生物学特性不同，优先选留树干通直、冠幅较小、落叶丰富、主根较深、侧根较少或具有固氮能力的树种，如杨梅、椤木石楠、枫香、拟赤杨、酸枣、山杜英等。

3. 抚育措施

竹木混交林一般林内小气候比较适宜，温度适当，湿度较大，土壤条件较疏松湿润，肥沃，灌木多，杂草少，只要调整好混交比例，一般经营管理就可达到目的。

5.4　毛竹水土保持林经营技术

毛竹地下竹鞭错综复杂，盘根错节，根系发达，须根多，固持土壤能力好。同时，枝叶繁茂，枯枝落叶层多，护土能力强，具有良好的水土保持作用。因此，在低山丘陵、水土流失地方营造毛竹水土保持林，不仅能涵养水源，防止水土流失，而且能取得一定的经济效益。

5.4.1　调整合理的竹林结构

1. 树种组成

竹木混交林能形成复杂的生态系统，各树种根系分布深广，有利于改善土壤结构，提高土壤的渗透能力和防冲刷能力，固持土壤能力比毛竹纯林好。所以，毛竹水土保持林应保留竹林中的一些深根性树种。

2. 立竹度

水土保持林立竹度比笋用、竹用毛竹林大，立地条件较好的地方，毛竹纯林立竹度以每

1/15 ha 300～500 株为宜。

3. 个体大小

竹株生长健壮，地下竹鞭根系发达，枯叶落叶量大，阻挡降雨能力大，水土保持性能也好，因此，毛竹水土保持林应保证有较大的个体。

4. 叶面积指数

在一定范围内，叶面积指数大，增加林冠截留降雨量，增加枯枝落叶量，从而起到减少地表径流量，提高土壤抗蚀能力，水土保持好。

5. 均匀度

立竹分布的均匀度直接影响林冠截留及地表径流。良好的毛竹水土保持林应立竹分布均匀，对地表径流起到分散和阻挡作用，提高土壤固持能力。一般要求均匀度大于 4。

5.4.2 削山松土

削山松土可以改善土壤的理化性质，不但提高土壤的渗透和抗蚀能力，而且促进竹林生长。一般在 30°以下山地进行。方法参照其他丰产林培育。

5.4.3 合理砍伐

砍伐是调整竹林结构的重要手段，虽然毛竹水土保持林要求立竹量较大，但及时地采伐老竹不但不会影响林分的水土保持效能，反而会促进竹林生长繁殖，提高林分产量，达到合理竹林结构。砍伐时间一般在秋冬进行，要求砍伐量小于每年留笋量。

5.5 毛竹纸浆林经营技术

用竹造纸，早在晋代就有，可以说历史悠久。竹类纤维是造纸的好原料，南方竹区多用土法生产表芯纸、炕表纸、毛边纸、竹纸、机制纸，现代造纸工业用竹浆生产新闻纸、油光纸、胶版纸、打字纸、凸版纸、包装纸等。在竹类造纸原料分类中，毛竹属于一级原料。因此，以竹代木，发展竹浆林，是发展造纸工业的重要途径。

5.5.1 培育毛竹纸浆林的意义

1. 减少木材消耗量

现阶段森林资源不多，森林可伐量递减，开展以竹代木发展竹浆造纸，客观上减少了森林采伐量。多用 1 t 竹浆，相当于节省 1 t 木材纸浆，即 1 m^3 木材采伐量，加速了森林资源培育，改善森林植被状况，维持生态平衡。

2. 能尽快解决造纸原料

毛竹生长快，伐期短，产量高，可为造纸工业提供相对稳定的原料。轮伐期约 50 天，比

树林提前3～5倍，可以青山常在，永续利用。

3. 促进竹产业多种经营发展

毛竹林面积大，蓄积量可观，单一生产竹林、竹笋，已出现滞销及管理上不便，发展竹浆造纸，扩大用竹领域，增加用竹数，必将推动竹业生产、竹产工业的大发展。

4. 提高竹子效益

发展竹浆造纸，比单一销售原材料提高经济效益几倍到十几倍，可为办好造纸工业企业创造条件，也对振兴山区竹业经济，增加竹农收入，起到积极促进作用。

5.5.2　毛竹纸浆林合理结构

1. 立竹组成

以纯林为好，适地适竹。

2. 立竹度

一定范围内立竹度增加，竹林产量、全高、树下高也增加，枝叶重减少，这符合纸浆林的要求。现阶段纸浆林立竹度以每亩140～200株为宜，随经营水平提高，可以加大立竹密度至250～350株/亩。从各年度发笋数量看，不同立竹度发笋223～328株/亩，完全可以满足留养新竹的要求及纸浆林生产的需求。

3. 年龄结构

毛竹在1～5年幼壮龄阶段，代谢、养鞭、发笋能力最强，6年之后进入老龄期，纤维素含量从48%下降到44%，因此，从林、纸方面考虑，毛竹林应保留5年生竹，使1～5年生竹保留数大致相等。

5.5.3　毛竹纸浆林丰产经营技术

1. 适地适竹

选好具有乡土良种和优良立地条件，土壤疏松，深厚，石砾少，pH 4.5～7.0，含盐量低于0.1%，生态环境良好，经营水平较高的地方。

2. 选好母竹，把好造林关

加强抚育管理，建成花年竹林或分片培育大小年错开的竹林。

3. 护笋养竹，合理采伐

以生产纤维材为目的，多出竹材为主，对竹林加强保护，科学留养和疏笋，不挖冬笋、鞭笋，不乱挖春笋，及时打退笋，适时适量适地选留健壮母竹。砍伐原则是砍弱留壮、砍小留大、砍密留稀，按留养立竹度的年龄结构合理采伐，不宜钩梢。

4. 劈山、松土、挖“三头”、客土埋青

改善土壤理化性质，疏松土壤，增加养分，有利于竹鞭出笋长竹，挖除“三头”解除地下障碍物，扩大地上地下营养生存空间。客土埋青使竹鞭下延加深，培育大毛竹。简便方法是挖除竹蔸并在蔸内施肥，及时挖去8年以上老鞭。

5. 合理施肥

施肥对竹材化学组成影响不大，但能显著影响竹林产量。笋前施速效肥30kg/亩可提高新竹产量，施青草畜肥50～100担/亩明显增产。

5.6 毛竹低产林改造技术

毛竹集中分布区内，由于政策、管理体制、经营习惯及经济条件限制等原因，造成竹林林分结构不合理(如竹株矮小、细弱，密度稀少，年龄结构不合理等)，林分生产力低，形成大量毛竹低产林。一般认为立竹密度每亩在120株以下，年产竹材300 kg以下、笋产量50 kg以下为低产林。福建省毛竹低产林约占全省竹林面积40%以上，现有人工经营的竹林仍有60%左右为低产、低值林。因此，对这些竹林实施技术改造，更新复壮竹林，大幅度提高竹林产量，是十分必要且比较紧迫的。

5.6.1 毛竹低产林类型

根据毛竹低产林形成原因可分为以下几种类型。

1. 荒芜低产竹林

此类毛竹低产林主要是因为长期失管，林地荒芜造成的。竹林主要特征是毛竹中混生不同比例的松阔乔木，但以毛竹为优势，林下各种灌木、藤蔓、杂草丛生，林地荒芜，即形成“远山荒”。主要分布在毛竹林面积大，劳力不足，交通不便的边远深山。在福建省比例约占全省毛竹低产林的15%左右。

2. 衰败低产毛竹林

形成此类毛竹低产林主要原因是在交通方便的近山，掠夺性经营，人为破坏严重(滥伐竹，偷挖笋)，管理措施粗放等。竹林主要特征是立竹稀、小、老，林相残破，竹秆低矮，即“小、老、矮、黄、稀”，形成“近山光”。福建各地均有分布，特别是在人口密集，交通方便，经营活动频繁的丘陵地区浅山、近山区。这类毛竹低产林比例最大，约占全省毛竹低产林面积的40%以上。

3. 立地贫瘠低产竹林

引起低产林的主要原因是立地条件差，土壤瘠薄或为石质山，土壤板结，水土流失严重，立地条件不太适合毛竹林生长。其主要特征是立竹细小，低矮，分布不均匀，大小参差不齐，林木杂草丛生，较荒芜。主要分布在毛竹山的山顶、山脊、陡坡急岭土层瘠薄的石质山地。

4. 灾害型低产竹林

毛竹林由于长期遭受病虫害、火灾、野兽危害及冰挂、雪压等不良气象灾害，引起竹林衰败低产。这种灾害引起的低产林面积扩大趋势比较快。

5. 竹木混生低产竹林

主要分布在人烟稀少、交通不便的边远山区，在常绿阔叶林或针阔混交林中混生毛竹。随着人们对天然阔叶林的采伐利用，毛竹迅速繁衍成林，逐步取代阔叶树，毛竹林产量暂时不高，但生态环境优越，生长潜力大。这种低产林的形成是常绿阔叶林在人为干预下发生的

群落演替，实际上不属于毛竹低产林，只是混生中其他乔木树种的生产力没有考虑而已。所以，此类型应指那些残次的阔叶林(长期无节制的乱砍滥伐)混生毛竹，毛竹为优势树种。这类低产林占全省毛竹低产林面积的 25%左右。

5.6.2　毛竹低产林改造技术

低产林改造技术实际上是丰产培育技术的延伸，因其改造投入少、见效快、效益高、措施简便等特点，越来越受到人们的关注，是提高毛竹林生产力及毛竹产量、质量的重要途径。但要得到理想的效果，应根据毛竹的生长发育规律及低产林的类型“对症下药”，从而调整竹林结构，改善竹林环境条件，所以应进行科学的经营管理，使竹林生长进入良性循环轨道，尽快地恢复生长，实现增产增收。

1. 劈山除杂，清理林地

在每年的夏季(6—7 月)劈除竹林内杂草、灌木、藤蔓，间伐或修去部分影响竹林生长的乔木树种的枝条，并结合挖竹蔸、老根、老死竹鞭。把劈下的杂草、灌木等埋入土中，作为有机肥料。劈山除杂对低产林初期改造效果很大，是低产林改造的重要措施之一。

2. 垦复林地，疏松土壤

垦复林地的主要目的是疏松土壤，改善土壤物理性状，促进毛竹竹鞭的延伸和发展，使之多发笋、长竹。垦复的时间视毛竹的大小年而定。小年一般以夏季垦复为好，在 7 月底前结束。因为 8 月以后，地下部分芽开始大量孕笋，若此时垦复，易伤及笋芽。大年垦复时间可在夏季至初冬进行。垦复深度一般在 20 cm 左右，呈瓦片状翻盖土块，土壤不必打碎。为防止水土流失，在坡度小于 20°的缓坡可采取全垦；坡度 20°～30°的竹林要采取水平带状翻垦，带宽及带间距离均为 3 m，隔年隔带再翻垦；坡度 30°以上的陡坡禁止翻垦。在翻土的同时，结合清除老鞭、无芽鞭，对粗壮幼鞭深埋，清除石块、树枝、枝干，将杂草、树叶埋入土中作肥料，以改善土壤条件。

3. 护笋养竹

体现毛竹林分结构优劣的重要因子是个体大小、立竹密度和年龄结构，护笋养竹是调整竹林结构的重要途径。冬笋是春笋的前身，低产林改造应尽量保护好冬笋，防止人畜危害，以便尽快恢复竹林。在大年可适当挖少量浅鞭笋、露头笋，可促进多出春笋。因低产林立竹基础差，营养积累较少，出笋数量有限，成竹的绝对数也少，因此为尽快提高立竹量，改善竹林结构，要十分注意留笋养竹。应做到：

适时：应尽量多留健康、粗壮的笋，可选择在出笋盛期的清明节前后一个星期左右(大约在 3 月 28 日至 4 月 5 日)，并及时挖去发育不良的弱笋、小笋和退笋。

适量：针对典型的低产林这一特点，为迅速提高立竹量并使年龄结构趋于合理，小年笋除不能成竹的退笋外，要全部留；大年可适当挖一些，一般挖弱小、病虫及始期和后期出的笋，每 1/15 ha 可留新竹 40 株以上，局部地块可达 60～80 株。

4. 合理采伐

(1)采伐年龄：对低产竹林中的老竹(7 年生以上)应及时砍伐，以减少营养损耗，促进长鞭、出笋，改善竹林年龄结构。但对立竹度过小的荒芜的低产林，虽然 7 年生以上老竹占比例大也不宜一次性将其伐除，可分两次砍老竹，以免造成天窗，杂草滋生。

表 5-4　毛竹林竹事活动表(笋竹两用林)

<table>
<tr><th>季节</th><th>月份</th><th>节气</th><th>主要竹事活动</th><th colspan="3">技术要点</th></tr>
<tr><td rowspan="9">春</td><td rowspan="4">2</td><td rowspan="4">立春
雨水</td><td rowspan="4">施笋前肥</td><td>用量</td><td colspan="2">每公顷施 300 kg 尿素加 75 kg 过磷酸钙</td></tr>
<tr><td rowspan="3">方式</td><td>沟施</td><td>沿坡(等高线)开水平沟,深 10 cm,宽 10 cm,沟距 1～1.5 m,施入肥料后随即覆土埋沟</td></tr>
<tr><td>穴施</td><td>在立竹上方,距竹秆基部 30 cm 处开 10 cm 深的穴,施肥后覆土</td></tr>
<tr><td>蔸施</td><td>打通新采伐的活竹蔸内节隔,施氮肥后覆土</td></tr>
<tr><td rowspan="2">3</td><td rowspan="2">惊蛰
春分</td><td>挖春笋</td><td colspan="3">清明前后共 15 天左右留足健壮竹笋,其余挖去,及时挖退笋、小笋、过密笋</td></tr>
<tr><td rowspan="2">留笋养竹</td><td colspan="3" rowspan="2">竹林每公顷留健壮大笋 450 株。留笋粗 10～12 cm,健康,分布均匀</td></tr>
<tr><td rowspan="2">4</td><td rowspan="2">清明
谷雨</td></tr>
<tr><td>刚竹毒蛾防治</td><td colspan="3">选择早晨或雨后湿度大的天气对竹林施放白僵菌粉炮,每公顷使用白僵菌粉炮 15～45 个</td></tr>
<tr></tr>
<tr><td rowspan="6">夏</td><td>5</td><td>立夏
小满</td><td>施促鞭肥</td><td colspan="3">结合锄草或深翻进行施肥,每公顷施 300 kg 尿素、75 kg 过磷酸钙、75 kg 氯化钾</td></tr>
<tr><td rowspan="3">6</td><td rowspan="3">芒种
夏至</td><td>劈山</td><td colspan="3">竹林每年劈山一次,劈倒后的杂草灌木铺放在林地上,使其腐烂</td></tr>
<tr><td>锄草松土</td><td colspan="3">杂草锄净,茅草蔸挖除。全锄,带状堆,块状松,深度 5 cm</td></tr>
<tr><td>深翻</td><td colspan="3">坡度在 25°以下较平缓的竹山采用全翻,坡度在 25°～30°的竹山采用带状翻,带宽和带距 3～5 m,2～3 年内完成全林翻土。深翻每隔 4～5 年一次,深度 20～25 cm,将竹蔸、树桩及老龄竹鞭挖除</td></tr>
<tr><td rowspan="2">7</td><td rowspan="2">小暑
大暑</td><td>号竹</td><td colspan="3">新竹秆上用毛竹标号笔标明年号</td></tr>
<tr><td>刚竹毒娥防治</td><td colspan="3">幼虫期间,使用烟剂或油烟剂防治,晴朗的夜间 8—11 时或凌晨 4—5 时(日出前 2 h)防治效果最好</td></tr>
<tr><td rowspan="3">秋</td><td>8</td><td>立秋
处暑</td><td>竹蝗防治</td><td colspan="3">使用新鲜人尿 50 kg 加 50%可湿性敌百虫 0.1 kg,盛于槽内诱杀(或用稻草浸泡 24 h 后堆撒竹林内,每亩数堆诱杀)</td></tr>
<tr><td>9</td><td>白露
秋分</td><td>施孕笋肥</td><td colspan="3">每公顷施 300 kg 尿素、75 kg 过磷酸钙、75 kg 氯化钾,施肥方式与施笋前肥相同</td></tr>
<tr><td>10</td><td>寒露
霜降</td><td>深翻</td><td colspan="3">技术要求同上</td></tr>
<tr><td rowspan="3">冬</td><td>11</td><td>立冬
小雪</td><td rowspan="2">合理采伐</td><td colspan="3" rowspan="2">竹林每年每公顷砍伐 450 株,大小年竹要求砍伐量不得超过新竹生长量。做到“四砍四留”,即砍老竹(七年生)留新、砍密留稀、砍小留大、砍劣留优。要求齐地采,向山倒,伐后竹蔸打洞</td></tr>
<tr><td>12</td><td>大雪
冬至</td></tr>
<tr><td>1</td><td>小寒
大寒</td><td>挖冬笋</td><td colspan="3">不沿鞭挖掘,挖大留小,不损伤竹鞭、笋芽,及时覆土</td></tr>
</table>

(2)采伐季节:为了避免出现伤流及影响孕笋和幼竹生长,应掌握好采伐季节,一般在出笋多的大年秋分至翌年立春前的休眠期采伐。

(3)采伐数量:为使竹林密度迅速增加,砍留比例掌握在1∶(2～3),甚至在改造的头两年内不砍,等竹林恢复后再逐渐增加采伐量,但原则上应保证采伐量小于留笋量。砍伐对象主要是老、弱、病、小竹,同时注意立竹分布均匀,砍密留稀。为减少竹桩对竹鞭营养消耗和尽快腐烂,砍伐后将竹桩的竹节打通。

5. 适当施肥

有条件的地方,对低产林(特别是衰败低产林和立地条件贫瘠低产林),可进行合理施肥。劳力充足地方,尽可能施有机肥或以草代肥埋青,也可施N∶P∶K=6∶3∶1的复合肥。施肥方法有竹蔸施肥、撒施、沟施等。

6. 防治病虫害

病虫害的发生严重影响毛竹林的生长,降低竹林的产量、质量,是形成毛竹低产林的重要原因,有时甚至导致竹林成片死亡。实施改造的毛竹低产林分,由于大量的新竹长成,为病虫害的繁殖提供有利条件,病虫发生量大大增加。因此,在低产林改造中,加强病虫害预测预报及防治是主要措施。如在清早或傍晚在竹林中施用烟雾剂和白僵菌可防治毛竹小叶蜂和刚竹毒蛾。具体详见病虫害防治部分。

本章小结

毛竹是最主要的经济竹种,产量高,经济效益大,用途广,在福建省竹资源中约占90%以上,栽培历史悠久,群众总结出了丰富的栽培经验。因此,有效地扩大毛竹资源及经营好现有毛竹林是竹业工作的主要任务。新造毛竹林方法主要有母竹造林、实生苗造林等,也可以通过扩鞭等扩大竹林面积,只要采取合理的抚育措施,一般在8～10年可成林。当前主要任务是经营好现有的毛竹林,提高竹林产值和效益。根据不同的经营目的应采用相对应的经营模式和经营技术。目前经营目标和类型主要有毛竹的丰产高效栽培、生态材用毛竹林经营、毛竹混交林经营、毛竹纸浆林经营、毛竹低产林改造、毛竹水土保持林经营等。这些毛竹经营类型,只要经营得当,都有很高的经济效益。

思考题

1. 毛竹成竹分哪几个阶段?各阶段特点如何?
2. 毛竹丰产的三大条件是什么?
3. 毛竹林合理结构如何?
4. 毛竹丰产培育措施是什么?
5. 名词解释:花年竹林、合理均匀度、竹林类型、立竹度。

第6章

中小散生竹高效栽培技术

黄甜竹、雷竹等其他中、小径竹是广大竹农喜欢栽培的重要竹种，也是充实本地竹种栽培资源，丰富笋竹市场、促进笋竹市场经济发展的重要途径。目前各地在栽培中、小径竹上积极性并不高，栽培规模不大，技术含量也比较低。

本章主要介绍目前栽培和开发价值比较高的黄甜竹、早竹、台湾桂竹、高节竹、淡竹等中、小径竹的栽培技术，包括造林地选择、造林地清理及整地、竹种营造及抚育、高效栽培技术等。

6.1 黄甜竹高效栽培技术

6.1.1 生物学特性

该竹种为中型竹种，在散生竹种中是比较迟出笋的竹种。

1. 竹鞭生长

6月左右出鞭，8—9月生长较旺，10—11月生长缓慢，12月左右停止生长并休眠。翌年3月鞭梢恢复生长，但生较慢，6月以后加速生长。也有的原鞭梢不再生长，待第二年另发新鞭。

2. 竹笋生长

10月左右竹鞭上芽开始萌发，12月左右休眠，也有的2—3月芽才开始萌发，休眠笋芽3月以后继续生长，至4月或5月上旬出笋。

3. 幼竹生长

出笋后至高生长停止为幼竹生长期，幼竹生长期约为30天，前10天生长缓慢，中间10天生长加速，平均高生长可达30 cm左右，以后又生长缓慢，至高生长停止，并全部解箨，枝叶展开。叶寿命1年，每年3—5月换叶。

4. 成竹生长

一年生枝叶展开后光合能力加强，竹蔸根系也慢慢完善，其光合产物主要充实竹秆，增加干物质含量。2～3年生生理代谢能力最强，光合产物大多用于积累，提供新鞭及竹笋生

长需要。4年生竹代谢能力明显下降,为成熟竹。一年生竹为幼龄竹,2～3年生竹为壮龄竹,4年生竹为中龄竹,5年生竹为老龄竹。

6.1.2 营造技术

1. 林地选择与清理

选山坡中下部,坡度较平缓、肥沃、水分较充足、土层较厚、质地疏松的酸性或微酸性土壤。

2. 整地与挖穴

集约经营可全面整地,并间种豆科作物,坡度较大的可带状整地。一般经营的可在林地清理后直接挖穴。穴规格为1 m×0.5 m×0.4 m,表土与心土分开放置,造林前一个月挖完,并于造林前10天施下基肥。基肥可用农家肥,每穴20～30 kg,另加0.5 kg过磷酸钙,与表土拌匀。

3. 造林密度

造林密度可定为55株/亩,即株行距为3 m×4 m。品字形配置。

4. 造林季节

2—3月的阴天或小雨天。

5. 母竹准备

母竹年龄为1年生竹,直径3 cm,带鞭长60～70 cm,鞭切断切口要平,竹秆留3盘枝切断。

6. 栽植

要当天挖苗,当天造或第二天造完,不得延至3天以上。母竹运输要注意秆柄与竹鞭连接处不要拉断。母竹放入穴中要一端顶住穴壁,边覆土边踩实,覆土高度要比竹原土痕深10 cm。栽后盖草保温,久无下雨要浇水。

7. 幼林抚育

造林后第五年可成林,成林前为幼林阶段。第一年要保护好母竹,不受人畜破坏。要锄草松土3次,第一次在5月,第二次在7月,第三次在9月。当年出笋每根母竹留3个育竹,其余笋疏去,以便有较多养分长鞭。第2～4年要抚育3次,第一次4—5月,第二次7月,第3次9—10月,抚育方式仍为锄草松土。每次抚育可结合施肥,每次施尿素2～3 kg/亩,另加0.5 kg过磷酸钙,可撒施后覆土。每年母竹留3～4个笋养竹,其余疏去,第三年老母竹可砍去。

6.1.3 成林(丰产)培育技术

1. 竹林结构

(1)组成:纯林。

(2)立竹度:约750株/亩。

(3)年龄结构:林分保留3年生竹,4年生竹采伐,每年生竹各1/3,即每年养竹250株左右。

(4)整齐度与均匀度:平均直径应达 5～6 cm,80%以上竹子直径应在平均范围内,要求分布均匀。

(5)地下结构:1～3 龄竹鞭要占绝大多数,要不断挖去死鞭与老鞭,竹鞭网络要宽松。

2. 管理技术

(1)留笋育竹:每年每亩留笋 250 个育竹,笋直径要达 5～6 cm,且是健壮的笋。

(2)挖笋:笋出土 30 cm 左右可挖,挖笋时注意不伤鞭,挖后盖土。

(3)竹材采伐:采伐年龄定为 4 年生,要齐地采伐,伐后打洞,促其竹蔸早烂。

(4)抚育:每 2 年浅翻 1 次,深 10～15 cm,翻土不必打碎。翻土过程应结合挖去死鞭与老鞭。每年锄草松土 2 次,第 1 次在 5—6 月,即幼竹形成阶段,第 2 次在 9—10 月。

(5)施肥:每年可施肥 3 次,第 1 次在 3 月底或 4 月初施笋前肥,第 2 次在 6 月施促鞭肥,第 3 次在 10 月施催芽肥,每次每亩施约 15 kg 尿素,另加 5～8 kg 过磷酸钙。施肥时可开水平沟施,施后盖土或撒施后盖土。培育丰产林有条件的地方可实行冬季林地覆盖,覆盖物可用稻草、松针,覆盖厚度约 15 cm。覆盖可提高土温,能提前出笋和延长出笋期,增加产量。

6.2 早竹(雷竹)高效栽培技术

目前主要有早竹、雷竹两品种。早竹斑纹较密,暗褐色;雷竹斑纹较疏,淡黄褐色。两品种笋品质与产量大致相同,生长规律及栽培技术也大致相同。

6.2.1 生长规律

1. 竹鞭生长

5 月左右开始发鞭,芽开始转化为鞭笋,生长较慢,鞭笋横向生长;6 月生长速度加快,7 至 8 月生长最为旺盛;入秋后生长又缓慢,12 月左右基本停止生长,开始休眠。第二年由于长笋发竹,所以次年 5 月才开始发新鞭,或旧鞭继续延伸生长。

竹鞭长短和新鞭数量与竹林本身积累养分关系很大,与土壤质地、肥力、气候变化、人工经营集约程度等也有很大关系。

1 年生竹鞭根系不完善,养分积累少,仅少量可发鞭长笋;2～4 年生鞭根系完善,养分积累多,为发鞭长笋的鞭;5 年生以上的鞭根系开始萎缩,未发育芽也慢慢衰退,无发育能力。1 年生鞭为幼龄鞭,2～4 龄鞭为壮龄鞭,5 年生以后为老龄鞭。

2. 竹笋生长

9 至 10 月芽开始萌动,转变为笋芽,至 11 月萌动最多,以后又渐少。早萌动的笋芽至 2 月或 3 月笋体形成,节数已定,并破土出笋。早竹出笋持续期一般 20 多天,覆盖处理可延续更长时间。出笋第一周量少但较粗壮,第二周量多个体也越大,第三周量渐少至停止,笋体小。第一周笋为早期笋,第二周笋为盛期笋,第三周笋为末期笋。

早竹为高出笋量竹种,但出笋量多少与竹林积累养分关系很大,培育好竹林,增加竹林

群体光能利用率可大大提高产量，因此科学管理至关重要。

3. 幼竹生长

笋出土至高生长停止、枝叶展开为幼竹生长阶段。早竹幼竹生长约 30 天，第一阶段生长较慢，第二阶段生长加快，第三阶段又缓慢至停止，高生长停止全部解箨，枝叶差不多同时展开。幼竹生长消耗竹林养分大，多留笋和早留笋养竹，出笋数会减少。

4. 成竹生长

幼竹高生长停止至竹株死亡为成竹生长时期，该时期竹株既不增高也不增粗，但随年龄增长，生理代谢能力、竹材性质会起相应变化。1 年生竹生长期较短，根系不完善，生理代谢能力由低逐渐增强，竹材含水量高，干物质少，材性差，光合产物以充实竹秆为主。2～4 年生为壮龄，生理代谢能力强，根系完善，光合产物大多积累用于养鞭及养笋，材性达到最高。5 年生以后趋于衰老，生理代谢能力下降，根系逐渐萎缩，渐无养鞭、养笋能力。1 年生竹为幼龄竹，2～4 年生竹为壮龄竹，5 年生以后为老龄竹。

6.2.2　竹林营造

1. 林地选择

要选肥沃、水分较充足、土层厚、富含腐殖质的酸性或微酸性土壤。

2. 整地与挖穴

可采取全面整地，第 1～2 年间种绿肥或豆科作物。造林密度 55 株/亩，即株行距 3 m×4 m，按梅花形定穴，穴规格为 100 cm×50 cm×40 cm，挖穴时表土与心土分开放置，造林前一个月挖好并施基肥。

3. 母竹准备

早竹林高产但较易衰老，选生长旺盛的 1 或 2 年生竹为母竹，带来鞭 30 cm 去鞭 40 cm，挖时一刀切断。竹秆留 3 盘枝切断。

4. 造林季节

1—2 月的阴天或小雨天进行。

5. 造林方法

母竹挖掘后要及时种植，起运要注意秆柄与鞭连接处不要扭断。母竹放于穴中要使鞭一端顶穴壁，覆土要踩实，覆土要比原土痕深 10 cm，栽后盖草保湿。

6. 幼林抚育

(1)保护母竹，防止人畜危害。

(2)第 1～2 年间种绿肥或豆科作物。

(3)抚育与施肥：第 1～2 年以耕代抚，每年 4 月对母竹施氮肥一次，每亩尿素约 5 kg，秋季压青。

(4)第 3～4 年新竹渐多，不能间种，每年必须锄草松土 2 次，第一次 4—5 月份，第二次 8—9 月份，并结合施肥。每次施肥每亩尿素 15 kg，并配合过磷酸钙 5 kg，一年分两次施。

6.2.3 成林管理(丰产林培育技术)

1. 竹林结构

(1)组成:纯林。

(2)立竹量:600 株/亩。

(3)年龄结构:林分保持 4 年竹,各年竹占 1/4,5 年生竹可采伐。

(4)平均胸径:6~7 cm。要求整齐,分布均匀。

2. 科学管理

(1)留笋养竹:每年于出笋中后期留笋养竹,每亩 150 株。

(2)抚育:11 月浅翻(深 10 cm),5 月和 9 月锄草、松土一次。

(3)施肥:第一次 11 月结合浅翻施有机肥,如厩肥或鸡、鸭肥,每亩施 50 担。施后翻土可增加孕笋量,为孕笋肥。第二次于 2 月下旬至 3 月上旬施笋期肥,可采用穴施。第三次于 5 月施笋后肥,有利于幼竹生长及促进发鞭,可结合锄草松土施肥,施后覆盖或开沟施。第四次于 9 月施催芽肥,有利于更多的芽转休眠。第二至四次施肥各用尿素 24 kg/亩加过磷酸钙 5 kg/亩。12 月林地可覆盖稻草或松针来提高土温,可提早发笋,延长出笋期。

3. 挖笋

笋 25 cm 左右即挖,挖时不伤鞭,挖后覆土。

4. 伐竹

冬季淘汰 5 年生竹。伐竹时要齐地伐,伐后最好要打洞促进伐蔸腐烂。

5. 加强病虫害防治

要治早、治了,尽量采取生物和营林措施防治,少用化学农药,以免竹笋污染。

6.3 台湾桂竹高效栽培技术

6.3.1 生长规律

1. 竹鞭生长

5—6 月发鞭或老鞭继续生长,开始阶段生长较慢,到 8—9 月生长速度最快,10 月竹鞭芽开始转化膨大,所以鞭生长速度变缓慢,到 12 月基本上停止生长,进入休眠。台湾桂竹竹鞭垂直分布较浅,90%竹鞭集中在 5~30 cm 深的土层中,而且新鞭大多在老鞭之上。1~6 龄竹鞭上侧芽都有可能转化为笋,但 1 龄鞭转化很少,2 龄鞭较多,3~4 龄鞭最多,5~6 龄鞭又很少。

2. 竹笋生长

4 月中旬开始出笋,5 月上旬结束,为时 25 天左右。头 5 天出笋较少,笋较壮;第 6~15 天出笋量最多,占全部出笋量 80%左右;最后 10 天又减少,占总量不到 15%,且大多为小弱

笋。台湾桂竹也会退笋，退笋最多的是在最后 10 天。总退笋量占总出笋量的 1/3，即台湾桂竹笋有 2/3 以上能成竹，成竹率较高。

3. 幼竹生长

从出笋至高生长停止，枝叶展开，幼竹形成，平均约 35 天。早期笋需要的时间长一些，晚期笋需要的时间短一些，竹笋高生长也符合慢—快—慢—停止规律，高生长速度达到最高峰需要 15～17 天。高生长主要依赖于居间分生组织的分裂活动，居间分生组织分裂活动持续时间不同，中部的居间分生组织活动时间最长，所以中间的节间最长。台湾桂竹竹秆节数约 40 节，比毛竹少，但节间比毛竹长。

4. 成竹生长

台湾桂竹竹秆寿命 8～10 年，立地条件好的可能更长一些。1 年生竹幼嫩，含水分多，干物质含量少，光合产物主要充实竹材干物质；2～3 年生竹生理代谢能力旺盛，根系发育完善，吸收能力最强；4 年生竹开始转黄，但竹冠仍有较高光合能力，根系也有萎缩，但仍有再生能力；5 年生竹生理代谢能力急剧下降，下部枝条落叶后有的不再萌发新叶，根系萎缩，而生理代谢能力更差。

台湾桂竹叶寿命 1 年，也就是每年更换叶，换叶期在每年 3—5 月，边落叶，边换新叶，所以无明显的无叶期。

6.3.2 竹林营造

1. 林地选择

选肥沃、水分较充足、土层较厚、质地疏松的酸性或微酸性土壤。

2. 整地与挖穴

可采取全面整地，第 1～2 间种豆科作物。造林密度为 55 株/亩，即株行距 3 m×4 m。穴规格为 80 cm×50 cm×40 cm，挖穴时表土与心土分开放置，造林前一个月挖好，并施基肥。基肥为农家肥(25 kg/穴)加过磷酸钙(0.5 kg/穴)，与表土拌匀。

3. 母竹准备

选生长好、健康、直径 3～4 cm 的 1 年生母竹，带来鞭 20 cm 去鞭 40 cm，挖时一刀切断，切口要平。秆留 3～4 盘枝切断。

4. 造林季节

2—3 月，阴天或小雨天造林。

5. 造林方法

主要移母竹造林，母竹挖掘后要及时种植，起运要注意秆柄与连接处不要扭断，覆土比原土痕深 10 cm，并要踩实，培上松土，盖草保湿。

6. 幼林抚育

(1)保护母竹及幼竹。

(2)第 1～2 年可间种豆科作物，以耕代抚；6 月、9 月在母竹周围松土，并施肥，每次每亩施尿素 4～5 kg，作物蒿秆要压入土中。

(3)第 3 年新竹渐多，不间种，抚育 3 次，分别在 4、6、9 月，每次锄草松土，并施肥，每次每亩尿素 5 kg。

6.3.3 丰产林培育

1. 竹林结构

(1)组成:以纯林为好。

(2)立竹量:330 株/亩。台湾桂竹比毛竹更喜光,密度过大,出笋会大减。

(3)年龄结构:1、2、3 年生各占 1/3,4 年生竹即采伐。

(4)整齐度:平均胸径 6~8 cm,80%在平均胸径范围内,并分布均匀。

(5)叶面积指数:4~5。

(6)竹鞭结构:90%为 1~4 龄竹鞭,网络要疏松。

2. 培育及管理技术

(1)留笋育竹:目前竹林人为搞大小年,产量低。每年应均衡留笋养竹,每年每亩留 110 株符合规格的笋养竹。

(2)挖笋:除留养对象外其余均可生产,尤其是前期笋及末期笋。挖笋要注意不伤竹鞭,挖后覆土。

(3)抚育:每年浅翻 1 次,时间为 8—10 月,深度 10 cm;锄草松土 2 次,时间为 4、6 月,松土深 3~5 cm。每年结合抚育施 3 次肥,施肥量每次碳铵 15~20 kg,另加 3~5 kg 过磷酸钙或钙镁磷,施肥一定要覆土。

(4)采伐:采伐年龄定 4 年生,要齐地采,伐后竹蔸劈破以促进竹蔸早腐烂。

(5)立体种养:林地可种牧草(如黑麦草)养山羊,但出笋及幼竹生长季节不得放牧。林地也可间种药材或培养竹荪。

6.4 高节竹高效栽培技术

高节竹是我国高产优良笋用竹种,主产于浙江、福建等地,笋期 4 月下旬至 5 月底,为中型竹种。近年福建省的屏南、顺昌、华安、建瓯等地均有引种,屏南的出笋时间是 3 月下旬至 5 月下旬。高节竹竹笋产量高,笋味好,其单株笋重一般 250~300 g,最大的可达 3~4 kg,最高每亩出笋可达 1 万多个,鲜重 3000 kg,而且耐瘠薄,易种植,是很有发展前途的优良笋用竹种。

6.4.1 高产培育技术

1. 科学留养母竹,保持立竹均匀,结构合理

高节竹林分适宜的立竹数为每亩 350~450 株,平均胸径 5.0~6.0 cm,年龄结构以 1∶1∶1∶1(1 年生∶2 年生∶3 年生∶4 年生)为宜。因此,宜在出笋的盛期和末期相交的时候留养母竹,每年留养母竹宜控制在 100 株左右。

2. 松土除草

在每年的6月份,需对竹林进行除草松土,松土的深度为8～15 cm。每年的10月份进行第二次松土削草,松土的深度为7～10 cm。

3. 施肥培土

高节竹林的施肥重点应施好行鞭肥、孕笋肥、催笋肥。

(1)行鞭肥:6月份,竹林出笋后,消耗了大量的养分,需要及时施以速效肥,给予补充。每亩可以施尿素25～30 kg或碳铵50 kg、过磷酸钙10～15 kg、氯化钾5～10 kg,加施土杂肥1500～2000 kg,均匀撒施,结合松土翻入土中;如有条件还可追施人粪尿5000～7000 kg。这时候正值竹林行鞭盛期,故叫竹鞭肥。

(2)孕笋肥:9—11月份为笋竹的分化时期,以农家肥为主,再增施些磷肥,结合松土。每亩施有机肥3000～4000 kg、过磷酸钙15～20 kg,均匀撒施覆入土中。这个时间的施肥对笋芽分化数量的影响大,所以叫作孕笋肥。

(3)催笋肥:2—3月份,施速效肥,以氮肥为主,每亩施30～50 kg尿素、人类尿1000～3000 kg,加客土厚3～7 cm,促进竹笋生长和提早出笋,故叫催笋肥。

4. 防病治虫

由于高节竹成林快,若密度过大,易诱发霉污病、蚜虫等,应适时进行疏伐、卫生伐、透光伐等。此外,常见的病虫害还有膏药病、丛枝病、竹螟等,可参照本书第十章有关内容进行防治。

5. 浇水灌溉

高节竹虽较耐干旱瘠薄,但若遇长期干旱无雨,不但会影响生长,还会导致开花结实而死亡。因此,若有条件,应浇水,浇水的次数和量视干旱的程度而定。

6.4.2 春笋冬出技术

由于高节竹的笋期集中在立夏前后,此时正值中小径散生竹出笋较为集中的时候,因而笋价不高,高产不高效。为解决这个问题,有些地方研究出了春(夏)笋冬出技术,现介绍如下。在高节竹丰产栽培技术的基础上,根据高节竹出笋温度比雷竹高的特性,采用二次覆盖法,增加覆盖厚度,提高地温,延长保温时间;采用4次施肥法,及时补充各生长期竹林生长对养分的需要;浇水保湿,满足竹笋生长对水分的需求,及控制覆盖物增温速度等。采用这些方法,可使出笋时间提早59～126天,平均86.5天。平均每亩产鲜笋可达1700 kg,最高可达2145.9 kg。与普通高产培育相比,平均每亩产量提高748.23 kg,产值增加13125元。具体做法如下:

1. 覆盖技术

(1)覆盖时间:采用二次覆盖,第一次在11月中下旬进行,20天后进行第二次覆盖。

(2)覆盖物:以保温期长,增温效果明显的竹叶、砻糠等为好。

(3)覆盖厚度:两次覆盖厚度都为25 cm左右,第二次覆盖后至出笋前,使地表温度达到25～30 ℃,出笋后保持在20 ℃左右。

(4)覆盖方法:覆盖宜选择晴天进行,覆盖前施足肥料,浇透水,采用干燥的覆盖物进行覆盖,并控制覆盖物温度,使覆盖物发热增温,达到出笋所需要的温度。

2. 施肥

一年四季,根据竹林 4 个生长期进行 4 次施肥,每生产 1000 kg 笋施氮肥 30 kg、过磷酸钙 10 kg、氯化钾复合肥 20 kg。第一次 6 月施长鞭肥,占全年施肥量的 35%,以速效肥为主,有机肥与化肥结合,采用翻肥。第二次 9 月施健芽肥,施全年施肥量的 15%,用液体肥料或固体肥料冲水泼施。第三次 11 月覆盖前施孕笋肥,施全年施肥量的 40%,以厩肥为主,采用铺施。第四次 2—3 月施长笋肥,以速效氮肥为主,施全年施肥量的 10%,采用穴施,将肥料施入挖笋后的穴内,覆土整平。

6.5 红哺鸡竹高效栽培技术

6.5.1 营造技术

1. 林地清理、整地

秋季劈草清杂、堆烧后挖穴,穴规格 100 cm×50 cm×40 cm,表土、心土分开放。每亩挖 55 穴,株行距 3 m×4 m,造林前一月挖完,并于造林前 10 天施下基肥,每穴 20 kg 左右,另加 0.5 kg 过磷酸钙。

2. 竹苗准备

红哺鸡竹苗选择年龄为 1 年生,直径 3 cm 左右,带来、去鞭都为 30 cm,竹秆留 3 盘枝切断,其他条件正常。

3. 营造

春季 2—3 月份营造,当天挖苗当天造完或第二天造,母竹运输注意秆柄与竹鞭连接处不要拉断。母竹放入穴中一端顶住穴壁,边覆土边踏实,覆土要比原土痕深 10 cm。若措施得当,当年造林成活率 90%以上,发笋数 60 个/亩以上。

4. 幼林抚育

每年 5 月和 9 月左右各松土除草一次,结合施复合肥,施肥量 0.1 kg/株,施后覆土。

6.5.2 丰产栽培技术措施

1. 控制合理密度

以中等密度 600 株/亩为宜,红哺鸡竹林中保留 3 年生(含 3 年生)以前竹,砍伐 4 年生(含 4 年生)以上竹,年龄结构分布为 1∶1∶1,即各年生竹株数保留 200 株/亩。砍伐时做到砍小留大,砍密留稀,并做到竹林分布均匀。

2. 集约经营管理

(1)留笋养竹:每年于出笋盛期(3 月下旬至 4 月上旬)留笋养竹,200 株/亩。留养的新竹要健壮,无病虫害,平均粗度应在 5~6 cm 以上,立竹分布均匀。

(2)抚育:每年 11 月劈山浅翻(深 10 cm),砍除竹林内杂草灌木,使其散布林内作肥

料。5 月(杂草生长较快,病虫害猖獗,长鞭成竹时候)和 9 月(孕笋时,雨量少,病虫害产卵越冬时)锄草松土各一次。全锄,带状堆,块状松,深 5～10 cm。翻土时应结合挖去死鞭和老鞭。深翻垦复:每隔 4～5 年进行一次(一般在小年进行,大年会伤笋),深度 20 cm 左右,由坡下向坡上成鱼鳞片覆盖,土不打碎(否则造成水土流失),并捡去石块,挖去老树头、老死竹鞭。

(3)施肥:每年可施肥 3 次,第 1 次在 3 月底或 4 月初施笋前肥,第 2 次在 6 月施促鞭肥,第 3 次在 10 月施催芽肥,每次施尿素约 15 kg/亩,另加 5～8 kg/亩过磷酸钙,或施生物有机肥 200 kg/亩。可开水平沟施,施后盖土或撒施后盖土。

(4)挖笋:除留笋对象外,其余均可挖取,主要挖前后期及盛期多余笋。笋高 30 cm 左右即挖,挖时不伤鞭,挖后覆土。

(5)伐竹:冬季淘汰 4 年生竹。伐竹时要齐地伐,伐后最好要打洞促进伐蔸腐烂。

(6)覆盖技术:在冬季和春季要提早出笋期,必须采取保温增温技术,提高土壤温度。覆盖材料有竹叶、稻草、谷壳、麦壳、麦秸、杂草、厩肥等能发酵增温的有机物料。稻草＋鸭粪是提早出笋理想的保温增温覆盖材料。覆盖厚度要适中,20～30 cm 厚。覆盖的最佳时间主要是在 12 月份至翌年 2 月份 3 个月。覆盖方法采用双层覆盖法,即下层为发酵增温层,上层为保温层。下层采用新鲜猪、牛、鸭、鸡等发热增温效果好的材料,上层采用谷壳、稻草等保温效果好的材料。下层为湿层,应有一定湿度,以利于微生物活动,使覆盖物充分发酵增温。覆盖前需施足肥料,浇透水(用水量控制在 10～12 吨/亩)。覆盖宜在晴天进行,选择在雨后的晴天覆盖最好。

6.6 淡竹高效栽培技术

淡竹属刚竹属,是以材笋为主要用途的材笋两用竹种。竹秆可做各种编织品及伞柄等,远销东南亚各地。

6.6.1 生长规律

淡竹笋于 4 月下旬至 5 月上中旬出土,即谷雨到立夏为出笋盛期,笋期 20～30 天。竹笋生长与幼竹长成历时 1 个月左右。淡竹地下鞭生长始于 6 月中下旬,9—10 月为鞭芽萌发与孕笋阶段,发笋率较高,亩笋产量可达 2000 kg,成竹总量与退笋总数大约各占一半,后期出土的竹笋一般不会成竹。淡竹寿命可达 20 余年,1 年生为幼竹,2～3 年生为青年竹,4～5 年生为壮年竹,6～7 年生为中年竹,8 年生以上为老年竹。淡竹耐寒性较强,分布较广。

6.6.2 营造技术

1. 造林地选择

以疏松、透气、土层深厚、肥沃、保水保肥能力强的乌沙土、沙质土壤为宜。

2. 整地挖穴

整地在造林前一个月完成，整地前先清理林地上的杂灌及树桩等杂物，按株行距 2 m×2 m 挖穴，三角形配置，每亩挖 166 个穴，穴规格长 80 cm，宽 50 cm，深 40 cm，表土、心土分开放置。陡地整地行方向与等高线平行。

3. 母竹准备

(1)母竹选择：干形通直、节间长、生长健壮、无病虫害、胸径 2～4 cm 优良品种的母竹。年龄 1～2 年生，此时所连的竹鞭为壮龄鞭，抽鞭发笋能力强。

(2)母竹挖掘：先挖开土层找到竹鞭，按来鞭 20 cm、去鞭 30 cm 长度截取竹鞭，切口要平滑。运输进程中要注意保护鞭芽和"螺丝钉"，尽量缩短途中运输时间，减少水分蒸发。

4. 栽植

栽植时间一般在春季。其余时间也可以栽植，但成活率会受到一定的影响。

栽植时要根据根盘大小对种植穴进行修整，穴底整平，种植深度要适宜，比原土痕深3～5 cm。栽时要做到鞭土密接，但不要太紧，以免伤到鞭根及芽。

6.6.3 幼林抚育

这个阶段的管理主要是松土除草、合理施肥、及时补植，做好竹林保护工作，防止人畜危害。

6.6.4 成林抚育

淡竹造林后 2～3 年即可以郁闭成林，第 4 年冬可首次采伐。主要管理措施有：

1. 垦复

将竹林全面翻垦一遍，挖除老竹头、老竹鞭，清除林内石头。

2. 合理留养新竹，调整竹林结构

竹林一般保留 6 年生以下竹，每亩立竹度 1500～1800 株，老竹(一般 7 年生以上)可采伐。

3. 施肥

施农家肥每亩 5000 kg，结合培土压入埂内。施无机肥每亩施用氮、磷、钾复合肥 25 kg 左右。

6.7 糙花少穗竹高效栽培技术

6.7.1 野生糙花少穗改造技术

野生糙花少穗竹林大多土壤板结，灌木丛生，鞭根分布浅，鞭梢生长缓慢，且易折断，分

生岔鞭多，粗细不均，鞭段短，侧芽小。劈山清杂、除草松土、深翻施肥、挖伐蔸、护笋养竹、合理采伐和防治病虫害等措施可使笋获得丰产稳产。

1. 因地制宜，分类经营

根据糙花少穗竹林所处的海拔、坡度和立地条件等自然条件，实行分类经营。海拔 800 m 以下、坡度 25°以下且立地条件良好的糙花少穗竹林可集约经营。而海拔 800 m 以上、坡度 25°～30°的糙花少穗竹林可采取一般丰产培育管理。

2. 劈山抚育

劈山可防止草灌消耗竹林的水分和养分，并在其腐烂后可增加土壤肥力，同时消除了病虫害的寄主和栖息场所，有效减少竹林的病虫、兽害和火灾。

(1)全面劈山：砍除竹林内的杂草及 5 cm 以下灌木，并砍除细弱、畸形和风倒断梢的竹子。劈山时间一般在每年 8—9 月进行，此时气温高，湿度大，杂草嫩，容易腐烂，并且可省工省力。过早劈山，杂草未充分生长，劈下的杂草肥效不高，而且劈后杂草仍会大量萌发；过迟劈山，杂草劈后不烂，杂草种子成熟，来年种子萌发，林内杂草将更多。但部分地方，由于竹子密度大，可在秋冬季结合砍竹，清除林内的杂草灌木。劈山后，杂草和灌木应尽量打碎散于林内，腐烂当肥料。

(2)局部劈山：为保持竹林良好的生长环境和水源涵养，可采用立体复合经营，即在天然林垦复劈山时，只劈除杂草灌木，不必伐除上层乔木；人工林可通过劈山逐步留下良性阔叶伴生树，形成乔木＋糙花少穗竹的立体栽培模式，或采取栽种经济树种形成经济树种＋笋用竹立体栽培模式。

3. 除草松土

于 11—12 月进行竹林垦复，垦复深度 15 cm 左右。垦复原则为：泥石山宜深，石砾山宜浅；土层深厚宜深，瘠薄地宜浅；山麓山谷宜深，山上宜浅。在垦复时应将枯草翻入林地，以提高地温，增加土壤肥力。为防止竹林水土流失，在坡度 20°～30°的竹林内可隔年等高线带状劈山松土，在坡度 30°以上的竹林内不宜劈山松土。通过连年除草松土垦复可提高林地保水、保肥、保温和透气性能，有利糙花少穗竹生长。

4. 施肥管理

糙花少穗竹生长快，产量高，吸收土壤养分多。竹子采伐和挖掘鲜笋带走了大量营养物质，而残留的竹枝、叶、竹蔸和竹根往往腐烂分解慢，因此必须通过施肥补充林地营养，才能保证竹林的养分需求。一般糙花少穗竹的施肥方法为：1 年施肥 2 次，2 月份施尿素 20 kg/亩或碳酸氢铵 50 kg/亩，8—9 月施复合肥或竹笋专用肥 50 kg/亩。

5. 改善竹笋采收方法

长期以来，糙花少穗竹笋采收采用拗笋方法，竹笋出土较长(20 cm)，而且竹笋产量低，品质差。通过改造，改拗笋为挖笋，即在竹笋出土到一定高度时(5～10 cm)采用开穴方式及时采挖，以充分利用竹笋的地下部分，改善竹笋品质。同时，对竹笋的采收应及时，尽可能采收地下部分竹笋，采笋后笋穴覆土盖平。

6. 护笋养竹与合理留养

护笋养竹是提高糙花少穗竹林密度、胸径和产量的关键措施之一。3 月底到 4 月初是糙花少穗竹出笋盛期，要注意防治病虫害，防止野兽为害竹笋，同时，应及时挖除初期笋和末期笋。

改造初期可通过适量砍伐，稀疏林分，调整竹林的密度。对竹子的合理砍留，做到“留粗不留细，留新不留老”，逐步改善各龄级竹株数，提高竹林生产力。从初笋期开始，均匀地选择健壮的竹笋作为母竹，母竹留养密度一般为100～200株/亩。在竹林基本成林以后，留养中期粗壮竹笋为母竹，每年留养母竹300～450株/亩。保持1～4年竹，伐除5年以上竹株，立竹度保持1200～1800株/亩。在无竹或稀疏林地上留养母竹可适当增加留养数量，使竹子分布均匀。为保持糙花少穗竹自然食品的特色，留养母竹不能过粗，经改造的竹林若笋越出越粗，留养母竹时可适当挖大笋留小笋，一般应保持竹子的平均胸径在2.5～3.5 cm。

7. 竹材采伐

糙花少穗竹采竹时间在每年7月进行，采用齐地采伐法，即沿采伐竹株的蔸部齐地砍伐竹株，要注意降低伐桩。对竹材合理打枝，先在枝条与竹节连接下方，与竹秆平行砍一刀，再在枝与秆分叉处，用刀背敲落竹枝，以防撕裂竹青，保证竹材质量。集材时注意不损伤周围的立竹，注意伐除林内妨碍竹子生长的伴生植物。

8. 旱涝防治

糙花少穗竹喜湿润土壤，但怕积水，因此在田垄及沼泽地培育竹林，首要措施是合理开设排水沟渠，排除积水。在干旱的山脊及山坡，必须采取山地喷灌；在水源好的地段，开沟引水灌溉；在无水源缺水地区，可在林地上沿水平线筑鱼鳞状土埂，截留雨水，增加土壤水分。

6.7.2 糙花少穗竹培育技术

为充分发挥竹林的经济和生态效益，合理利用生态公益林中宜林地、疏林地改造及退耕还林地，可通过人工栽植糙花少穗竹培育人工竹林，并通过集约经营和笋用定向培育，提高竹林生产效益

1. 营造技术

(1)造林地选择：糙花少穗竹通过地下鞭生长和鞭芽发笋成竹。地下竹鞭和鞭根稠密，大多分布于10～50 cm土层中，竹秆生长量大，蒸腾作用强，既需要充裕的水湿条件，又不能积水淹浸。因此，糙花少穗竹造林地应选择土层厚度在50 cm以上、肥沃湿润、排水和透气性能良好的沙质土或沙质壤土，pH值以4.5～7为宜。选择山谷、山麓和山腰地带，高山地区以选择背风朝南的山谷、山麓地带为宜。

(2)清杂整地：清杂整地是糙花少穗竹造林的重要环节，通过清杂整地可以创造适合糙花少穗竹成活和新竹成长的环境条件，清杂整地的好坏直接影响造林质量和成林速度。清杂整地工作一般在每年的秋、冬进行。

全面翻土：坡度平缓可采用全面翻土，深度20～30 cm，除去土中的大石块和粗的树蔸、树根，将表土翻入底层，底土翻到表层，大的土块可以不打散。坡度较大可采用带状翻土，带的方向与等高线平行。

挖栽植穴：糙花少穗竹造林密度50～75株/亩，株行距为3 m×4 m或3 m×3 m。种植穴规格为长0.8 m×宽(0.4～0.5) m×深0.4 m。挖穴时把心土和表土分别放置于穴的两侧。在坡地上挖穴时应注意穴的长边与等高线平行。对坡度大于20°的造林地采取水平带状整地，带宽和带距2～3 m，在整地带上翻土、挖穴。在坡度30°以上陡坡造林或疏林地人工补植糙花少穗竹，宜采取块状整地，根据造林密度确定栽植点，清除栽植点周围2 m左右

的杂草、灌木，开垦翻土挖穴。

(3)造林时间：糙花少穗竹2—5月为出笋期，6—7月为幼竹生长期，11月至翌年1月生长缓慢，所以冬季和早春是糙花少穗竹移竹造林的适宜季节，在雨量多、空气湿度高的天气造林效果最佳。除三伏天和严寒的冬天外，近距离小面积栽植只要挖母竹时注意保护鞭根，多带宿土，搬运时注意保护母竹，即挖即种均可栽植成活。

(4)母竹选择：糙花少穗竹母竹质量主要反映在年龄、粗度和生长情况等方面。母竹应选择幼壮竹鞭上生长的健壮竹，年龄为1～2年生，根际直径1.5～3 cm，分枝低，生长健壮，枝叶繁茂，竹节正常，无病虫害。

(5)母竹挖掘：先判断竹鞭的走向，在距竹子30～50 cm处用锋利的山锄挖开土层，找到竹鞭，再沿母竹的来鞭和去鞭两侧，按来鞭15 cm、去鞭30～40 cm截断竹鞭。截断竹鞭时面对母竹，用山锄快截，截面要求光滑，然后沿两侧逐渐挖深掘出母竹，多留宿土。挖掘母竹时不要摇动竹秆，否则容易损伤竹秆和竹鞭的连接处。母竹掘出后，留枝4～9盘，砍去顶梢，切口平滑。

(6)母竹搬运：母竹短距离搬运不必包扎，挑运或搬运时用绳绑在宿土上，竹秆直立，切不可把母竹扛在肩上或把挑绳绑在母竹竹秆上，这样容易使鞭芽和“螺丝钉”损伤及震落宿土，使母竹栽后不成活、不发笋。较远距离运输必须将母竹进行包扎，用稻草、麻袋等将竹鞭和宿土一起包扎好，在装卸车或上下船时要防止损伤母竹，运输时间越短越好，途中要覆盖或对母竹枝叶经常喷水，以减少蒸发。

(7)栽植：栽植的原则为：深挖穴，浅栽竹，下拥紧(土)，上松盖(土)。母竹运到造林地后，应立即栽植，在已经整地的穴上先用表土垫底，一般厚度10～15 cm，然后解去捆扎母竹的稻草，小心放入穴中，使竹鞭水平舒展，下部与土密接。若宿土较大，应将回土拔往宿土底部，确保宿土下部不出空洞。来鞭靠紧穴边缘，先填表土，后填心土，分层踏实，使母竹鞭根与土壤密接，填土踏实时要防止损伤鞭根和笋芽。遇天气干燥时要先行适当灌水，再行覆土，覆土深度一般宜小于20 cm，上部培成馒头形，面上可加盖一层松土或覆盖稻草，减少水分蒸发。荒田栽植时，开好排水沟，以免积水烂鞭。在风大地段栽植，要架设支架，以防母竹风吹摇晃。

2. 幼林抚育

为提高糙花少穗竹造林成活率和加快成林，对新造竹林应进行灌溉、除草松土、施肥和保护管理等营林措施。

(1)灌溉和排涝：在水源方便的地方，可开沟引水自流灌溉；在水源困难地段采取挑水逐株浇灌，山地可建蓄水池喷灌。灌水量以母竹鞭根附近土壤湿润为度，生长季节浇水可加入少量粪尿和氮肥，以增强竹子的抗旱能力。

排涝方法：荒田和洼地开排水沟排水，尽量开暗沟，即开好水沟后盖上石块，再铺盖40～50 cm厚的泥土，使竹鞭正常穿行；母竹栽植穴覆土下沉而积水时，及时开沟排水，并重新培土成馒头形，高出地面6～10 cm，以防再次积水。

(2)除草松土：新造竹林稀疏，林地光照充足，杂草灌木容易萌生，应及时铲除，以减少林地水分和养分消耗，促进竹子生长。一般在竹林郁闭前每年除草两次，第一次在5—6月，第二次在8—9月，有条件的地方可进行竹农间作，在林地套种豆类、绿肥等，并适时对间作物进行中耕、除草、施肥和防治病虫害。

(3)施肥:施肥能促进新竹生长,提早成林,新造竹林秋冬季应施用迟效性有机肥,如厩肥、土杂肥、塘泥,增加林地肥力;在春夏季可施用速效性化肥、饼肥和人粪尿等,以便及时供应竹子生长需要。施用迟效性肥可在竹株附近沟施或穴施,也可直接撒在林地上;而速效肥必须进行沟施或穴施,以防养分流失。

(4)幼林保护:新造糙花少穗竹林应杜绝人畜破坏。单株母竹出笋过多,应及时挖去,每株母竹保留 2～3 个健壮笋即可,否则会因为水分和养分不足而成为退笋。在新竹长成后去梢留枝 18 盘左右。栽植 3～4 年以后林地立竹量增加,应进行间伐,以促进幼林快速成林,间伐时宜去小留大,去老留幼,去弱留强,去密留疏。

6.8 散生中小径观赏竹高效栽培技术

竹子以其独具特色的观赏特性和深厚的竹文化内涵而深受人们的喜爱。观赏竹林的培育不同于其他类型的竹林,它是以获得最大数量的优质竹苗为目标,因此需要与其相配套的栽培管理技术。著名的观赏竹有紫竹、斑竹(湘妃竹)、罗汉竹(人面竹)等。

6.8.1 生长规律

散生中小观赏竹一般在 3—5 月竹笋出土生长,之后进入高生长期,直至抽枝展叶。待 5—6 月新竹抽枝展叶后竹鞭生长开始,以 8—9 月生长最快,当 10 月竹鞭进入孕笋期后,生长减慢且逐渐停止。竹鞭多数分布在离地表 10～30 cm 的土层中。竹鞭的抽鞭发笋能力与竹鞭的年龄关系最为密切,1 年生竹鞭萌发新鞭能力最强,2～3 年生竹鞭发笋长竹能力最强,4 年生竹鞭基本上失去了抽鞭发笋的能力。因为 3 年生竹子所连竹鞭至少为 4 年生,所以 3 年生以上竹子不适宜作母竹。

6.8.2 营造技术

1. 整地挖穴

散生中小径观赏竹生长要求土层厚度 50 cm 即可,pH 以 4.5～7.0 为宜。整地方法以全面整地最好,即对栽植地进行全面耕翻,深度 30 cm。耕翻前,施好基肥,采用铺施,施生活垃圾肥 1000 kg/亩或厩肥 1000 kg/亩,耕翻时将肥料翻入土壤中。整好地后,即可挖种植穴,规格为长宽各 40 cm,深 30 cm。栽植密度为 75～150 株/亩,株行距 2～3 m。

2. 母竹准备

母竹质量主要反映在年龄、胸径、长势及土球大小等方面。

(1)年龄:1～2 年生。

(2)粗度:中径竹以胸径 2～3 cm 为宜,小径竹以胸径 1～2 cm 为宜。

(3)长势:母竹以生长健壮、分枝较低、枝叶繁茂、无病虫害及无开花迹象为宜。

(4)土球大小:土球直径以 25～30 cm 为宜。挖、运母竹时注意不要摇晃竹秆,以免损伤

“螺丝钉”。母竹挖起后，一般应砍去竹梢，保留 4～5 盘分枝即可。母竹远距离运输时，则必须将土球包扎好。装上车后，先在竹叶上喷上少量水，再用篷布将竹子全面覆盖好。

3. 栽竹季节

根据散生中小径竹生物学节律，理想的栽竹时节应在 10 月至翌年 2 月，尤以 10 月份的“小阳春”最好。长江中下游地区，可在梅雨季节正常年份移竹造林。北方地区由于冬季严寒，宜在春季解冻后栽竹。需要注意的是，春季 3—5 月出笋期不宜栽竹。如果采用容器竹苗，则南北地区均可四季栽竹，保证成活。

4. 母竹栽植

竹子宜浅栽不可深栽，母竹根盘表面比种植穴面低 3～5 cm 即可。首先，将表土回填种植穴内，一般厚 10 cm。将母竹放入穴内，使鞭根舒展，先填表土，后填心土，分层踏实，使根系与土壤紧密相接。然后浇足“定根水”，进一步使根土密接。待水全部渗入土中后再覆一层松土，在竹秆基部堆成馒头形。最后可在馒头形土堆上加盖一层稻草，以防止种植穴水分蒸发。在风大处，需安支撑架。

6.8.3 幼林抚育

观赏母竹栽植后到竹子郁闭成林的 1～4 年称为幼林阶段。幼林的抚育管理主要围绕促使竹成活和迅速更新繁殖，扩大竹鞭分布范围，增加立竹株数，促进郁闭成林这一目标，采取相应的技术措施。

1. 水分管理

栽植后的第 1 年加强水分管理至关重要。母竹经挖、运、栽植，根系受到损伤，吸收水分能力减弱，极易由于失水而枯死或排水不良鞭根腐烂。因此，若久旱不雨，土壤干燥时，必须及时浇水。而当久雨不晴，林地积水时，又必须及时排水。

2. 除草松土

新造竹林，竹子稀疏，阳光充足，杂草容易滋生。因而在竹林郁闭之前，每年要松土除草 2～3 次。第 1 次在 6 月份，此时散生竹新竹已长成，地下竹鞭开始生长，林地杂草幼嫩，结合松土进行除草，杂草容易腐烂。此时松土要深，有利于竹鞭的深扎、蔓延。第 2 次在 9 月份，此时散生竹已在行鞭发芽，杂草长势旺盛，种子尚未成熟。第 3 次在 2 月份，天气逐渐回暖，杂草开始生长，这时松土除草，可将杂草灭杀在萌芽时期。松土以浅翻、除去杂草为宜，不能太深。

3. 适当施肥

施肥以迟效肥与速效肥并用效果最好。新造竹林，竹鞭伸长不远，施肥以围绕竹株开沟放入为好，无论是有机肥、化肥均可使用，但应掌握浓度不宜太大。随着立竹量的增加，竹林逐渐达到郁闭，施肥量可逐年增加，施肥方法也可改沟施为均匀撒施，结合松土，将肥料翻入土内。

4. 适当采伐

新竹萌发快，数量多，但大小不匀，应及时采伐。此时应在增加竹株数量的前提下，根据“留远挖近，留强挖弱，留稀挖密”的原则，疏除离母竹较近的部分竹笋，使林内竹株从原先的丛状分布逐渐地向均匀散状分布变化。幼株梢部待抽枝展叶后斩去，去掉顶端优势，有助于枝叶生长和竹鞭拓展，还可提高抗灾能力。

6.8.4 成林抚育

观赏竹在林分达到郁闭以后，即进入成林阶段。成林的抚育管理目标是在保证竹株生长健壮的同时，最大限度地提高立竹株数，取得最好的效益。围绕这一目标，采取以下技术措施。

1. 水肥管理

(1)灌溉与排水：水分管理重点在7—9月竹鞭生长与笋芽分化期和3—5月竹笋生长期。应保持土壤湿润。但是，如果土壤积水，通气不良，也会引起地下鞭根系统的腐烂和死亡。因此，在雨季竹林地容易积水的地方，则应开好排水沟，降低地下水位，保证水流畅通。

(2)施肥：观赏竹成林以后，每年都有大量的竹笋长出及挖走大量的母竹，消耗了林地大量的营养物质。要想维持观赏竹林的高产和稳产，加强肥料管理至关重要。根据散生中小径竹的年生长节律，竹林的施肥可在一年中4个不同生长时期进行。

①长鞭肥：在竹林新竹长成后的6月份(发笋成竹较迟的竹林，可适当推迟)。由于经过笋期的发笋、长竹，竹林内部积累的养分已大量消耗，地下鞭根系统也正准备进入生长高峰。施肥应以化肥结合有机肥进行。结合松土，将腐熟的有机肥撒于地表，深翻入土中。每亩可施尿素50 kg或复合肥70 kg、厩肥1000 kg。

②催芽肥：在竹林开始笋芽分化的9月份。此时，竹林经前期的新鞭生长，林地已密布了大量的新鞭、新根，对吸收和积累养分极为有利，若能及时补充肥料，则对促进笋芽分化非常有利。宜施速效肥或人粪等液体肥料为好。化肥宜开浅沟施入，并覆土防止挥发。此时不宜对林地土壤深翻松土，以免鞭根、笋芽受到损伤。因此，不宜施体积大的厩肥、堆肥等有机肥。每亩可复合肥100 kg或人粪尿1000 kg冲水稀释进行浇泼。

③孕笋肥：在竹林处于缓慢生长的12月份。此时，由于外界环境温度下降，鞭段上的笋芽已开始停止分化。施肥主要以有机肥为主，将厩肥、堆肥等有机肥料直接铺撒在竹林地表。铺撒在地表的有机肥可待翌年的6月份，竹林进行深翻松土时，深埋地下。每亩可施有机肥3000 kg。

④长笋肥：在竹林出笋前的3月份。此时，随着春季气温的逐渐上升，竹笋生长加快，并开始陆续出土。施肥主要以速效性的化肥为主，每亩可施尿素50 kg。

2. 及时填土

观赏竹林经营，每年都有大量竹苗需要挖除，这时应在留下的坑中及时填上土壤，以保证竹鞭及根系的正常生长。同时，填土也可防止坑中下雨积水，导致烂鞭。填土是一项重要的技术管理措施，应做到随挖随填。

3. 合理结构调控

竹林管理主要是调整竹林的结构(包括密度结构、径级结构和年龄结构)，对老竹进行更新，使竹林保持一定的密度和叶面积指数，促进竹林生长。3年生竹株所连的竹鞭起码是4年生以上，已成老鞭，应及时将其连蔸挖除。挖除老竹时可结合松土，最好在6月份一起进行。需要钩梢竹子可在新竹完成抽枝展叶后的6月份进行。

4. 病虫害防治

观赏竹林虫害主要有竹蚜虫、竹介壳虫等，可用 80%敌敌畏乳剂或 40%氧化乐果乳剂 1000 倍液喷洒；病害主要有煤污病、丛枝病等，应加强抚育管理，及时清除病株。

本章小结

散生竹除毛竹外，福建还有许多优良的竹种，如著名的笋用竹种有黄甜竹、早竹、雷竹、高节竹、台湾桂竹等。这些竹种笋质好，产量高，成林快，可以提供不同季节时令市场的新鲜优质的笋产品，掌握这些竹种的营造措施和丰产栽培技术是经济竹种栽培的重要内容。其经营技术与毛竹相近，但周期短，密度较大，具体管理措施有一定的针对性。

思考题

1. 黄甜竹生长特点如何？
2. 黄甜竹关键抚育措施是什么？
3. 早竹的合理结构是什么？如何控制？
4. 如何提早高节竹出笋时间，延长笋期？

第7章

丛生竹高效栽培技术

许多丛生竹种也是福建省重要笋用竹种，笋期长，产量高，笋质好，如绿竹、麻竹等。目前在全省各地均有栽培，特别是在福建中南部等地有较大规模的栽培，具有丰产栽培经验。

本章介绍几种发展潜力较大的丛生竹的栽培环节，如造林地选择、造林地的清理、整地、营造技术、幼竹抚育、高效栽培措施等。

7.1 绿竹高效栽培技术

7.1.1 造林

1. 林地选择

农地或溪河两岸冲积地、路边、村旁、房前屋后、山坡中下部、山凹等地均可，海拔一般不超过 300 m，林地要求土层深厚、水肥条件好、腐殖质含量高、质地疏松的酸性或微酸性土壤的Ⅰ、Ⅱ类地。

2. 造林密度

株(丛)行距 4 m×4 m 或 3 m×4 m，每亩 42～55 株(丛)。

3. 整地挖穴

定穴采取“品”字形配置，穴规格为 70 cm×50 cm×40 cm(长×宽×深)。表土与心土分开放置，造林前一个月施基肥，回表土。

4. 施基肥

选择山地种植应下基肥，栽植前 15～30 天施基肥，每穴施农家肥 20 kg，或山灰 20 kg＋过磷酸钙 0.5 kg 或桐饼 1.5 kg，在穴中与表土拌匀，覆土 3～5 cm。

5. 竹苗选择

选择生长健壮、竹蔸入土深、无病虫害、具有饱满芽目 2 对以上、根系发达的 1 年生新竹为移蔸苗，地径 3～5 cm。

6. 移蔸苗挖取

要在离移蔸苗 30 cm 外，由远至近、由浅至深细心扒开土壤，找出移蔸苗和母竹的连接

处，用利刀切断秆柄，做到不撕裂、切面平。再将分离后的移蔸苗斜劈去竹梢，保留秆长 1.2～1.5 m，切口斜向与竹蔸弯曲方向一致，最上一节尽量留长，以利于蓄水保湿。移蔸苗当天挖取当天栽植。

7. 造林季节

3 月至 4 月上旬，选阴天或小雨天进行造林。

8. 栽植方法

移蔸苗造林：栽植时，蔸部去箨，竹秆切面朝上斜放 30°～45°，覆土比母竹原土痕深 10 cm，分层压实，盖草保湿，多日无雨需浇水。成活率要求 90%以上。翌年补植死株。

7.1.2　幼林管理

绿竹造林后一个月可生根发叶，第三年可挖笋。种竹当年 6—7 月份和 9—10 月份各除草松土 1 次。第二年除草松土 2 次，时间分别为 3—4 月份和 8—9 月份。栽植当年，结合抚育时进行施肥，8—9 月份施肥，丛施复合肥 2～3 两。第二年施 2 次肥：第一次为扒土晒目结束后，结合覆土时进行；第二次在 9 月中旬进行，每次丛施碳酸氢铵 1 kg＋过磷酸钙 1 kg，边混边施；或施复合肥 2～3 两。栽竹当年可以套种豆科等矮秆作物，以耕代抚。

7.1.3　成林管理

1. 抚育

一年抚育 3 次。

第一次，时间在 3—4 月份，结合砍除老竹时进行，全面除草松土，挖去老竹蔸，扒土晒目。

第二次，时间在 9 月中旬，全面除草松土、培高。

第三次，时间在 12 月，应全面除草松土。

2. 砍除老竹

每年 3—4 月份结合抚育时，砍去老竹，保留合理竹丛结构。

表 7-1　绿竹笋用丰产林竹丛结构

<table>
<tr><th rowspan="2">地类</th><th rowspan="2">每丛保留立竹量/株</th><th rowspan="2">每亩丛数/丛</th><th rowspan="2">每亩立竹量/株</th><th rowspan="2">每丛年留新母竹/株</th><th colspan="2">丛保留不同竹龄立竹量(株)</th></tr>
<tr><th colspan="2">3 年生竹</th></tr>
<tr><td>山地</td><td>6～8</td><td>42～55</td><td>255～440</td><td>4～5</td><td>4～5</td><td>1～3</td></tr>
<tr><td>冲积地
农地</td><td>7～9</td><td>42～55</td><td>295～495</td><td>5～6</td><td>5～6</td><td>1～3</td></tr>
</table>

3. 留笋养竹

栽植后第 1 年和第 2 年，以养竹为主，每丛留竹数量应符合表 7-1 中规定的竹丛结构指标，多余笋挖去。第 3 年后每年 8—9 月份留足健壮竹笋，以保持合理的竹丛结构。挖笋时间为 5—10 月份，除留母竹笋以外，其余笋全部挖去。在清晨，笋尖尚未破土至笋尖露土小于 3 cm 时，扒开笋周围的土壤，露出笋体，用凿笋刀从笋蔸上部凿断取出，保护好笋蔸，让笋蔸在当年或次年继续长笋。

4. 扒土晒目

栽植后，自第2年开始，每年于3—4月份，把竹丛周围表土扒开，深度以暴露竹蔸、笋目为准，让阳光晒20～30天，以提高地温，促进芽目早发育。

5. 施肥次数和方法

一年施肥3次。

第一次在3—4月份，扒土晒目结束后，结合覆土时施笋前肥。施肥量按每丛立竹数量确定，平均每株施碳酸氢铵＋过磷酸钙1∶1比例混合肥0.5～0.65 kg，或每株施复合肥4～5两。

第二次在8—9月份，施笋期肥，每株施复合肥3两。

第三次在12月，每丛施饼肥1～2 kg，或农家肥25 kg，起到养竹和促进次年提早出笋的目的。

6. 病虫害防治

绿竹的主要病虫害有：

(1)异岐蔗蝗：防治方法：①6—7月间对未上竹的1～2龄群集若虫，选用2.5%溴氰菊酯乳油2000～3000倍液或90%敌百虫晶体200倍液进行喷雾防治。②在10月至翌年5月结合抚育垦复，在向阳、杂草少、疏松沙壤土的竹林内挖除卵块，做好林地卫生。

(2)竹笋象：为害期为6月中旬至9月下旬，7月下旬至8月下旬为最盛期。防治方法：①加强竹园抚育管理，冬季深翻土壤，破坏蛹室。②7—8月份，利用成虫的假死性人工捕捉。在竹笋象产卵的上下方，用刀轻轻剥开笋壳，刺杀或挖出卵和幼虫。③药物防治，用90%敌百虫500倍液或50%敌敌畏1000倍液，在出笋前喷洒林地1次，出笋后每隔1周1次，连续2～3次。

(3)竹蚜虫：主要发生在3月下旬和7月中旬。防治方法：①结合抚育管理，伐除老残病竹，改善林内卫生。②在竹蚜虫盛发期，用80%敌敌畏液800～1500倍液，选择晴天涂秆或喷洒，每10天一次，连续2～3次。③加强检疫，不用带有竹蚜虫的竹种。保护小姬蜂、茧蜂、瓢虫等天敌昆虫。

(4)煤烟病：防治方法：①加强竹园管理，让竹林通风透光，降低湿度，减少病虫害发生。②在介壳虫、蚜虫等虫活动盛期，用10%吡虫啉超微可湿性粉剂3000～5000倍液或50%敌敌畏乳剂1000～1500倍液喷洒。

7.2 麻竹高效栽培技术

7.2.1 生长特性

麻竹笋味鲜甜可口，略涩，为传统笋用竹种；竹材纤维含量高，纤维较长，可制浆及加工为各种农用品、生活用品或工艺品。

1. 竹笋生长

1—2 月份秆基芽膨大，3—4 月份笋芽形成，笋体逐渐增大，5—6 月份笋出土。出笋持续期 5—11 月份，5—6 月份出笋量较少，7—8 月份出笋量较多，9—11 月份出笋量渐少至停止。

2. 幼竹生长

笋出土后头 2 个月生长慢，中间 2 个月生长加速，后 2 个月生长渐慢，11 月份高生长基本停止，并出现少量枝叶，较晚出笋的幼竹生长期较短，翌年春 3—4 月份枝叶逐步展开，完成幼竹生长阶段。

3. 成竹生长

枝叶展开至竹株死亡为成竹阶段，即材质生长阶段。可分以下几个阶段：

(1)幼龄竹：1 年生竹，叶量逐步增加，根系逐步完善，生理代谢能力较弱，竹材含水量高，干物质含量少。

(2)壮龄竹：2～3 年生竹，叶量多，根系完善并且更新能力强，生理代谢能力最强，竹材含水量渐少，干物质渐多。

(3)中龄竹：4～5 年生竹，下部叶渐少，根少量萎缩而更新能力弱，生理代谢能力下降，竹材力学强度大。

(4)老龄竹：5 年生以上，根逐步萎缩，叶量渐少，竹材物理强度也下降。

7.2.2　造竹技术

1. 造林地选择

麻竹喜温暖湿润，不耐严寒，最低气温不低于－4 ℃。应选择海拔 400 m 以下的低丘、山麓、平原、溪河两岸、房前屋后作为造林地，山坡中、上部不宜栽植。选择土层深厚、水肥条件好、腐殖质含量高、质地疏松的酸性或微酸性土壤。

2. 林地清理、整地

与绿竹基本相同。

3. 造林密度

矮脚麻株行距 4 m×4 m，以后形成 41 丛/亩。高脚麻株行距 5 m×4 m，以后形成 33 丛/亩。

4. 挖穴规格

60 cm×50 cm×40 cm，造林前一个月挖穴，表土与心土分开。

5. 施基肥

造林前 7～10 天施基肥，每穴施土杂肥 40 kg 或厩肥 20 kg，另加钙镁磷 0.5～1 kg，与表土拌匀。

6. 造林季节与气候

2—3 月份阴天或小雨天种植。

7. 造林方法

(1)移母竹造林：选 7 个月至 1 年生生长健壮、无病虫害、直径适中的幼竹为母竹，在 1.5 m 处快刀切断，切面平，不撕裂。母竹运载要及时，栽时顺向斜放，斜角约 45°，覆土比母竹原土痕深 5～10 cm，踩实，盖草保湿，数日无雨需浇水。

(2)移苗造林:从苗圃地挖苗,栽植时覆土比原土痕深 2 cm,踩实,盖草保湿,数天无雨需浇水。

7.2.3 抚育管理

1. 幼林抚育管理

麻竹造林后第 4 年可投产,投产前为幼林阶段。

(1)幼林阶段抚育

表 7-2 麻竹幼林抚育措施

年＼月	2—3	5	7	9
第 1 年	造林	锄草、松土、培土	锄草、松土、培土	锄草、松土、培土
第 2～3 年	松土	锄草、松土、培土	锄草、松土、培土	锄草、松土、培土

(2)幼林阶段的施肥

表 7-3 麻竹幼林阶段的施肥措施

年＼月		2—3	5	7—8
第 1 年	肥种	土杂肥或厩肥	尿素	复合肥
	施肥量	1500 kg/亩	5 kg/亩	5 kg/亩
	方式	基肥	浇施	沟、撒施
第 2～3 年	肥种	土杂肥或厩肥	尿素	复合肥
	施肥量	1200 kg/亩	15 kg/亩	15 kg/亩
	方式	扒土、沟肥	沟、撒施	沟、撒施

(3)留养新竹:山地成片造林每丛每年留养新竹 3～5 株;房前屋后或溪河两岸单丛或少丛种植,高脚麻每丛每年留 5～7 株,矮脚麻留 5～8 株,其余可割去。

2. 成林丰产林培育技术

(1)丰产林结构

表 7-4 四旁种植麻竹林丰产结构

品种	每丛株数	每年留新竹/(株/丛)	平均直径/cm
矮脚麻	12～15	5～8	≥6
高脚麻	9～12	5～7	≥8

表 7-5 成片种植麻竹林丰产结构

品种	每亩丛数	每丛株数	每亩立竹量	每年每亩留养竹数	平均直径/cm
矮脚麻	41	6～12	246～492	123～205(3～5 株/丛)	≥6
高脚麻	33	3～10	198～330	99～165(3～5 株/丛)	≥8

(2)丰产林抚育与施肥

丰产林抚育与施肥一年要 4 次。

第一次:在“春分”至“清明”期间进行,抚育方式为扒土,暴露竹蔸、笋蔸,晒白半个月后施肥,可施人粪尿、厩肥、饼肥、土杂肥,施肥量可掌握厩肥每亩 1500 kg,不要接触笋芽,施后覆土、培高。四旁种植的麻竹施厩肥每丛 60 kg。

第二次:时间在五月份,抚育方式为锄草、松土、培高。结合施肥,为笋前肥,施肥量掌握每亩尿素 20 kg 左右。施肥方法可沟施、穴施或撒施,施后覆土。四旁种植的麻竹施尿素每丛 0.8 kg。

第三次:时间在 7 月,抚育方式与上同。结合施笋期肥,施肥量掌握尿素每亩 15 kg,酌量施些过磷酸钙。施肥方法与上同。四旁种植的麻竹施尿素每丛 0.6 kg。

第四次:时间在 9 月,抚育方式与上同。结合施养竹肥,复合肥 20 kg/亩。施肥方法与上同。四旁种植的麻竹施复合肥每丛 0.8 kg。

(3)留养新竹

为每丛每年留养新竹 3～5 株,在丛内分布均匀,直径符合整齐度要求,留养时间为每年 8—9 月份。

(4)竹材、竹笋生产

①竹笋生产:除留母外,其余竹笋均可生产。竹笋应采用刀割,保护好笋基。出土高 20 cm 可割。笋出土过高,笋质劣,养分消耗多,反而影响产量。早期笋与晚期笋割后即封土,盛期笋割后须待一周后伤流停止时封土。

②竹材生产:3 年生竹为成熟竹,可采伐。采伐季节为冬季,采伐量与留养新竹数量相同,采伐后要挖去竹蔸和相连老竹蔸。

(5)及时防治病虫害

害虫主要有竹螟、竹象虫、竹蚜虫;病虫主要为煤烟病。

7.3　大头典竹高效栽培技术

7.3.1　造林技术

1. 造林地选择

大头典竹喜温暖湿润的生长环境,要求年均温度 20 ℃以上,最冷月平均温度 8 ℃以上,年降雨量 1500 mm 以上。在深厚、疏松、肥沃,pH 值 4.5～7 的沙壤土或轻壤土上生长良好。河滩、路边、房前屋后、山坡地都十分适宜大头典竹的生长,选择的山坡地坡度不应太大,一般在 25°以下,坡位中部以下,而且要求避风,水源方便。干旱贫瘠、土壤过于黏重以及地下水位太高的地方不宜作为大头典竹的造林地。

2. 林地准备

在造林前一年的夏秋季,劈除杂草、灌木,挖净茅草头、小灌木头。植被茂密、地形平缓的可酌情炼山或堆烧清理，但应开好 10 m 以上的防火路，做好防火工作。

3. 整地挖穴

可采取水平带状整地和块状整地两种方法。一般采取块状整地，单株单穴种植，每亩 50 穴，株行距 3.9 m×3.4 m。穴位呈品字形配置，沿水平带作业，挖明穴，穴规格为穴面长 80 cm，宽 60 cm，深 60 cm。在定植前 10 天左右每穴应施钙镁磷肥 0.5 kg 或杂肥 5 kg，然后回表土至满穴。

4. 母竹选择

母竹要求选择头一年生竹头苗，竹头口径不小于 6 cm，有 1 枝以上竹枝，竹秆高度 10 cm 左右，有 2～4 个竹芽，竹头无破裂，无腐烂。

5. 栽植方法

栽植时间为 3—4 月份(惊蛰—清明)。栽植时应将竹蔸放在穴中央，并使竹蔸朝上坡方向，覆土至第一个竹节基部，并加踩实，晴天应浇水保湿。

7.3.2 抚育管理

1. 水分管理

种植后 3 个月内要注意水分调节，遇雨要排除积水，天旱时要进行浇水，确保成活。

2. 除草施肥

每年除草松土两次，第一次在 5—6 月份，全面劈草，块状锄草(2 m 宽，下同)，扩穴，培土成馒头形，并结合松土每株施复合肥 0.1 kg(即在竹蔸上部 30 cm 处开长 60 cm、宽 20 cm、深 25 cm 的半月形施肥沟)，施后覆土。第二次在 8—9 月份进行全面劈草，块状锄草，松土，培土成馒头形。

3. 扒土

种植的第二年开始这项工作，时间为每年 2—3 月份。扒土时，用锄头将竹蔸表土挖开，露出竹蔸上的笋芽，促进长笋。扒土露蔸时间为 7～10 天，可结合扒土进行施肥，每穴施以氮为主的复合肥 0.2 kg，施后覆土。施肥量应逐年增加。

4. 病虫害防治

大头典竹的主要虫害是白蚁，可用呋喃丹或白蚁净在竹株周围洒上一层以防治为害。对其他病虫害，应遵循“预防为主、综合治理”的原则，认真及时地做好预测预报，贯彻“治早、治小、治了”的原则，把病虫害造成的危害降低到最低限度。

5. 牲畜管理

栽植后应严禁猪、牛等牲畜践踏或吃去叶片。

6. 竹笋采挖

大头典竹的笋期一般为 6 月初至 10 月底，7—9 月份为盛产期。出笋盛期隔日可挖一次，初期和后期 4～6 天可挖一次。挖笋方法与绿竹相同。当年造林后 2～3 个月出笋，当年一般可发笋 1～4 个。当年第一个出土的笋应留作母竹，以后所出的笋可全部采挖，5 年内可不再留母竹。5 年后，在生产旺季每丛留 1～2 个大笋培养母竹，齐头锯去原有母竹，其余的笋可全部采挖。

7.4　黄竹高效栽培技术

黄竹等丛生竹在江西、福建等地，具有生长快、成林快、产量高、收益大的特点。一般3年可成材，第4～5年可砍伐利用，一年种植年年可砍伐收益。每年亩产达2000～3000 kg竹材，收获期可达几十年，按现行收购价0.5元/kg计算，每年亩产值达1000～1500元。

7.4.1　造林地选择

选择在交通方便、土壤肥沃、水分较好的房前屋后，道路、河流两旁，山脚、山窝及山坡垂直高度15 m以下的地方栽植。

7.4.2　选择竹种

选择1～2年生、竹秆胸径4～5 cm且生长健壮的竹子作为竹种。

7.4.3　母种挖掘

挖竹种时，先在离竹种15～30 cm处扒开土壤，由远到近，逐渐挖深，防止损伤秆基芽眼，竹蔸的枝系、须根应尽量保留。在靠近老竹的一侧，找出竹种秆柄与老竹秆基的连接点，然后用山锄在末端切断竹种的秆柄，连蔸带土挖起。在切断竹种秆柄时，切忌竹蔸破裂。竹种挖起后，在1.5～2 m处(竹节必须以有牙眼为标准)截去竹秆上段(截秆处需用塑料纸包扎)，保留2～3盘枝，以减少水分蒸腾。挖好竹种后要及时栽植，如不能及时栽植，应放阴凉避风处，并每天浇水3次，保持竹秆竹眼新鲜。

7.4.4　栽植密度

每亩种35株，连片种植的株行距为4.4 m×4.4 m，单排种植的株距为3 m。穴的规格为长80 cm×宽80 cm×深50 cm。还穴时，先放表土，并施放20斤左右土杂肥，然后填土至超过地面10 cm左右。

7.4.5　种植技术

在3月份种植为宜。种植时要掌握浅种、舒根、踏实及淋水等环节，以正面斜放栽植为宜，覆土要高于竹蔸10 cm左右。

7.4.6 幼林抚育管理

每年除草、扩穴、松土，5—6 月和 7—8 月各 1 次，松土的深度一般为 15～20 cm，宜将杂草埋入土中作肥料，并施放农家肥和尿素等肥料，促进竹子的生长以提高产量。同时要防止人畜的危害。

7.4.7 合理采伐

采伐时掌握砍弱留强、砍内留外、砍老留幼的原则，确保每丛竹内留有 2 年生竹。

7.5 青皮竹高效栽培技术

青皮竹是优良丛生竹，材质薄而韧，拉力强，适用于编制竹制品及其他用途。广东、广西、台湾、湖南、福建、云南南部均有分布，并有人工栽培和开发利用。

7.5.1 造林地选择

以土壤肥沃湿润的河边冲积地、台地、丘陵下部坡地造林最为适宜。干旱瘠薄，石砾太多或过于黏重的土壤，不宜选作造林地。

7.5.2 造林时间

移竹造林最好在 3 月份，母竹竹蔸的根芽开始露白时造林成活率最高。旱雨季分明的地方，在雨季来临前造林，可大大提高成活率，适于小面积栽植。竹苗造林一年四季均可进行，但仍以 4—7 月份较好，选择阴雨天进行造林。秋季造林尤其适合河流滩地，及春季雨水较多、易遭短期水淹地段。

7.5.3 造林方法及技术

1. 移竹造林

(1)母竹准备：选择秆粗 1.2～1.5 cm 的 1～2 年生竹条作母竹，连蔸挖出，斩去竹梢。留秆 1.5～2 m，有 2～3 个盘枝。从节间中斜行切断，切口呈马耳形。远途运输每 100 株扎成一把，竹头用薄膜包裹保湿。

(2)种植：造林株行距视土壤情况为 3 m×4 m 至 4 m×5 m。若不能当天种植，需将竹头放置流水中浸渍或用湿沙假植。种植时削平竹蔸切口，挖一浅沟，母竹平放沟内，将蔸头压入实地，再覆土全埋。移竹栽植又叫分蔸栽植，是我国传统的竹子繁殖方法，一般成活率

较高,发笋多而大,3～5年即可成林。但采用这种方法,种源受到限制,季节和技术也难掌握,不适于大面积造林。同时大量挖掘母竹会影响竹丛的生长和发笋成竹能力,母竹挖起后容易干枯,远距离造林时,经长途运输造林成活率降低,费用增加。

2. 竹苗造林

埋节育苗在生产上应用最广,用2年生竹为竹种埋节时成活率较高。

(1)造林时间:埋节育苗必须在竹秆养分积累丰富,芽眼尚未萌发,竹液开始流动前进行,以2月中旬至3月中旬为宜。

(2)育苗:一般每亩可埋竹节8000～10000个。埋节可采用平埋、斜埋和直埋,其中斜埋成活率较高。一般双节育苗用平埋,单节育苗则以斜埋、直埋为多。青皮竹育苗要及时打顶和多次打顶使早发笋、多发笋、发大笋,使苗木提早木质化。当苗高长至1.5～2 m时,用枝剪剪去梢头,留苗高1.2～1.5 m。苗木育成后可以出圃造林,或留圃分株再繁殖育苗。

(3)造林:青皮竹一般采用地径0.15～1.5 cm的1年生竹苗造林。

7.5.4 抚育管理

1. 抚育

新造竹林郁闭前,每年除草松土1～2次,近竹蔸处松土深约15～20 cm,较远处20～30 cm。

2. 幼竹保护

竹成林后,注意护笋养竹,防止人畜为害竹笋。

3. 竹林施肥

以有机肥为主、速效肥为辅,有机肥最好在冬季施,速效肥应在春夏施用。

施肥方式:包括铺施、泼施和穴施。施用迟效性有机肥可在竹丛附近沟施或穴施;笋前肥、催芽肥应泼施或穴施,笋后肥、孕笋肥应铺施。

施肥量:年施肥量可控制施厩肥5000～6000 kg/亩,尿素110 kg/亩,复合肥100 kg/亩。

7.5.5 合理采伐

采伐最好在晚冬和早春1—3月份进行,此时竹材性质良好,不易虫蛀。纸浆造林时,应砍3年生竹,保留1～2年生的嫩竹。从保留较高的纤维强度考虑,竹龄应控制在5年生以下。笋用林2年生的青皮竹发笋能力最强,宜保留。

绿竹、麻竹是福建重要的高产笋用竹种,其笋期长,产量高,笋质好,是夏令秋初的优良竹种。其经营措施与散生竹有较大的差异,主要包括造林密度及株行距确定、竹苗选择、栽植技术、抚育管理及丰产栽培技术等,应根据绿竹、麻竹生长特点的不同,采取相对应的管理措施及合理结构控制。

思考题

1. 绿竹和麻竹的生长规律有何不同？
2. 如何控制绿竹的合理结构？
3. 麻竹的丰产栽培技术措施有哪些？

第 8 章

混生竹高效栽培技术

我国竹类资源丰富，其中混生竹种也是福建省重要的开发竹种之一，苦竹、茶秆竹等竹种不但分布广，资源多，生长好，而且具有重要的开发利用价值，是主要的经济竹种。

本章主要介绍福建省主要经济混生竹种，如苦竹、茶秆竹的栽培技术，混生竹生长特点、丰产结构，混生竹林改造、混生竹林高效栽培技术措施等。

8.1　苦竹高效栽培技术

苦竹广泛分布于东亚及东南亚地区，在中国黄河及长江流域有广泛栽培，最北可到辽宁、吉林，在福建德化、福州、武夷山、沙县等也有大面积分布。在海拔 300～600 m 的中低山和丘陵地区生长良好，四旁、溪流河边及道路均有零星分布。苦竹是一种适应性较强的竹种，稍耐寒，对气温要求较低，年平均温度在 16 ℃左右、年降雨量在 1000 mm 以上的地区即能生长良好。对土壤要求不高，具有较强的耐瘠薄能力。

8.1.1　生长特性

苦竹的地下茎为复轴混生型，具有单轴型和合轴型地下茎繁殖特点，母竹秆基上的芽既可形成细长的竹鞭，并从鞭上抽笋长新竹，稀疏散生，又可以从母竹秆基芽眼直接萌发成笋，长出成丛的竹秆。

1. 竹鞭和竹根的生长

苦竹的竹鞭节间细长，鞭根较少，长芽的一侧无沟槽，鞭上的侧芽既可以抽出新鞭，又可以发笋成竹。竹鞭一般多分布在 25 cm 以内的土壤上层，靠鞭梢横向生长，起伏前进。但在疏松肥沃的山谷或下坡土壤中，鞭根入土较浅，且鞭径大，鞭节长，起伏变化小，鞭梢一年生长量可达 3～4 m。而在土层较瘠薄的山坡上部或山脊，鞭根分布较深，且鞭径小，鞭节短，起伏变化大，鞭梢生长缓慢。

苦竹秆基的节间较长，竹根少，两侧有芽眼 2～6 枚，既可以发育成竹鞭，在土中横向生长，也可抽笋长成新竹秆，成丛生长。在肥沃土壤中，由于鞭梢生长和竹秆顶端生长优势，促使竹秆秆基的芽眼一直处于休眠状态，从而使芽眼失去萌发力，只靠竹鞭上的侧芽长出新竹秆，呈稀疏散生，表现出与散生竹竹林相同的特点。在瘠薄土壤条件下，苦竹秆基的芽眼一般萌发抽笋，长出成丛竹秆，表现出丛生的特征。

2. 竹笋的生长

苦竹鞭上的笋芽从发育分化到膨大出土，一般从 1 月开始，至 5 月止，历时 120～150 天。出笋一般在 4 月中下旬，笋期 30～40 天。同一林分，林缘要比林内出笋早 7～10 天。

3. 竹笋—幼竹的秆形生长

竹笋出土后，根据生长速度不同，幼竹高生长阶段可分为初期、上升期、盛期和末期四个阶段，历时 40～50 天。

初期：生长缓慢，每日生长量 1～3 cm，12～15 天；

上升期：生长加快，每日生长量 5～10 cm，5～7 天；

盛期：生长速度已达高峰，每日生长量达 10～30 cm，10～12 天；

末期：生长减慢，每日生长量 10～15 cm，10 天左右，笋箨几乎全部脱落，新枝开始生长。

4. 成竹的材质生长

幼竹秆形生长结束后，就转入材质生长阶段。1 年生的成竹为幼龄竹，2～3 年竹为壮龄竹，4～5 年生竹为老龄竹。

5. 竹子换叶期

苦竹成竹后，每年换叶一次，换叶期为 3—5 月。苦竹一边换叶，一边长新叶，没有明显的换叶高峰期。因此，苦竹笋没有大小年的现象。

8.1.2 低产林改造技术

苦竹的低产林改造首先要明确改造对象，即以苦竹为目的树种的林分，而不是用材林或经济林中混生苦竹的林分。其次要以经济效益为中心，有重点地选择交通方便、地势平坦、土层较深厚肥沃的林地进行低产改造。具体的技术措施包括劈山、松土、锄草、施肥、挖笋与留养母竹、合理采伐及防治病虫害七个环节。

1. 劈山

苦竹常与其他杂灌木或阔叶树混生在一起，因此，低产苦竹林在改造前应进行劈山，一般以 6—7 月份为最好。将竹林中的杂草、灌木砍除，铺盖于地面，既增加林地肥力，又改善林内通气和卫生状况。劈山时应注意选留母竹，每亩选留母竹 1200～1500 株，同时注意每亩留 5～10 株树干直、冠幅窄的阔叶树。

2. 松土

通常在每年 10—12 月份进行松土，松土深度 10 cm 左右，把林地土层翻转，并让其瓦片状覆盖于地面，将根、葛藤、伐根(竹头)、老竹鞭和杂灌头挖除。松土时注意掌握立竹附近宜浅，林中空地可深；竹鞭多处宜浅，稀竹林可深；松软土宜浅，硬土可深。同时，拣尽林地石块。

3. 锄草

及时锄草可以防止土壤水分、养分消耗，促进竹子生长。锄草每年 2 次，第一次在出笋前的 3—4 月份，第二次在 8—9 月份。锄草要求挖起草头，锄得干净。

4. 施肥

可施速效肥和有机肥。每年施速效肥 2 次，在 3—4 月份和 8—9 月份结合锄草进行施

肥，每亩施尿素 15～20 kg 或碳铵 30～40 kg，施肥方法以沟施为好。有机肥一般在冬季施，每亩可施厩肥 200 kg 或者饼肥 100 kg。

5. 挖笋与留养新竹

苦竹笋要求立竹量通常为 1200～1500 株/亩（不宜过稀过密，以林地不透光为宜），年龄结构为 1～3 年生各占 1/3，因此，每亩每年留养新竹 400～500 株。在保证留养新竹数量的基础上（通常采用插签标记法），充分疏笋有利于提高竹林的经济效益。挖笋要掌握适时适度和适对象。

(1)适时：过早出的笋一般为浅鞭笋，多数发育不良；过迟出的笋成竹率低，退笋多。因此，过早及过迟出的笋可挖去。中期出的笋数量多，营养充足，成竹率高，此时应把壮笋留为母竹，而把长势弱的笋疏去。挖笋应在笋出土 5 cm 以内就及时挖，此时竹笋幼嫩，经济价值高，养分消耗少，有利于提高产量。

(2)适度：中期笋每亩留壮笋 400～500 根，其余均可挖去。要注意边留笋养竹边挖笋。通常掌握每隔 1.3～1.5 m 留壮笋一根。

(3)适对象：就是挖除病虫笋、路边笋、并笋、过密笋、小笋和歪笋等。对林中空地或林缘地可多留，以利调整竹林分布。

6. 合理采伐

合理采伐要掌握好采伐季节、采伐年龄、采伐数量和采伐对象。采伐季节为冬季竹林休眠期，严禁生长季节伐竹。采伐年龄为 3 年生以上的竹子。采伐数量要求伐后每亩立竹量保持 1200～1500 株，且分布均匀。采伐对象要掌握砍小留大、砍密留稀、砍弱留壮的原则，不砍边缘竹，不砍空膛竹。

7. 调节地下竹鞭系统

苦竹的地下鞭系统兼有丛生竹和散生竹的特点，竹林中的每一个鞭—竹系统由不同年龄的立竹和地下茎组成，构成一个能量流动和代谢系统。一个鞭—竹系统的更新生长能力取决于它的组成，包括立竹数和年龄结构，及地下茎年龄、长度、粗度和根系的多少。林分中鞭—竹系统少，单个鞭—竹系统过于强大，则其生产力低。因此，必须通过人为调节，如挖老竹头、老竹鞭，适当疏掉过密的地下系统，调节竹林过于庞大的鞭—竹系统，培育中、小地下鞭系统，以发挥林分的生产力。

8. 防治病虫害

苦竹的病虫害较少，很少发现大面积为害。苦竹的害虫主要有竹斑蛾、竹织叶野螟、竹笋泉绳、竹广肩小蜂、竹蚜虫等。

8.2　茶秆竹高效栽培技术

茶秆竹是我国南部湿润地区典型的混生竹种，是具有较高的经济价值和开发潜力的竹种。竹笋是天然的保健食品，笋味略苦，富含 18 种氨基酸和多种人体必需的微量元素。笋营养丰富，风味独特，可加成各种笋制品；竹材通直，节平，坚韧，弹性好，可制作编织品、家具、钓鱼竿等；是制浆造纸的好材料，也可加工成竹胶板、竹装饰板；在园林绿化中也占有特有的地位。

8.2.1 生长规律

1. 竹鞭生长规律

幼壮龄竹鞭上的芽及幼壮龄竹秆基上的芽均可长成新鞭，一般在竹鞭上长出新鞭。竹鞭分布较浅，多在10～25 cm的土层内，每年5月份发鞭开始，7—8月份生长最旺，10月份后生长缓慢，12月份进入休眠，并鞭梢萎缩，形成断头。第2年又从幼壮龄鞭上发出新鞭，如遇石头或其他原因引起断梢，可在断梢附近的芽另发岔鞭。竹鞭在土中呈波浪式前进，年生长量约3～4 m。茶秆竹竹鞭节间相对较长，而每节根相对较少，鞭横切面也较圆。一年生竹鞭含水量多，营养积累少，为幼龄鞭；2～3年生竹鞭，营养积累多，是主要发鞭长笋鞭，为壮龄鞭；4年生竹鞭衰老，为老龄鞭。

2. 竹笋生长规律

幼壮龄鞭及幼壮龄竹秆基的芽均可发笋长竹，在立地条件较好的地方多是幼壮龄鞭的芽发笋长竹，地上成散生状态，而秆基的芽休眠直至萎缩；在立地条件差的地方，竹鞭生长不良，秆基上的芽可发笋长竹，呈混生状态。茶秆竹每年10—11月份芽开始转化孕笋，12月份休眠，翌年2月份恢复生长，一般在3月底或4月初即出土。

3. 幼竹生长规律

笋出土至高生长停止，枝叶展开为幼竹生长期、幼竹生长期约1个月，头10天生长较缓慢，平均日生长量3～5 cm；第2个10天生长加速，平均日生长量可达30～50 cm；后10天生长又转为缓慢，直至停止，枝叶展开。茶秆竹的秆箨较迟落，枝叶展开时才逐步解离脱落。由于茶秆竹枝较贴秆，所以有的箨解开尚挂在箨环上，不会马上脱落。

4. 成竹生长规律

一年生竹幼嫩，含水率高，根系不甚发达，生理代谢能力在逐步加强中，光合作用合成的有机营养物质主要充实竹秆，增加竹秆干物质含量；2～3年生竹，根系发达，枝叶茂密，光合能力强，生理代谢最为活跃，光合作用合成的有机营养物质除继续充实竹秆外，尚有较多的营养积累用于养鞭养笋；4年生竹根部分萎缩而再生能力差，换叶后下部枝条往往难再生新竹，生理代谢能力下降。所以1年生竹为幼龄竹，2～3年生竹为壮龄竹，4年生以后竹为老龄竹，成竹寿命7～9年。

8.2.2 营造技术

1. 林地选择

应选择在海拔800 m以下的河谷缓坡、丘陵山地，土层较深厚、肥沃、排水良好、湿润的微酸性或中性沙质壤土。

2. 林地清理与整地

林地清理按常规进行劈草炼山，整地一般集约经营的要全垦，一般经营的带垦或块状整地即可。

3. 造林密度

一般每亩 55 株，即株行距为 3 m×4 m。

4. 栽植穴规格

穴规格为 70 cm×50 cm×40 cm，表土与心土分开放置，造林前一个月必须挖完，造林前半个月要下基肥回表土。基肥可用腐熟厩肥，每穴 25 kg，另加 0.5 kg 过磷酸钙，施下与表土拌匀。

5. 造林季节

一般以 1—2 月份为宜，选阴天或小雨天进行。

6. 母竹准备

主要为移母竹造林。首先要选好母竹，即选 1 年生、生长健壮、无病虫害、直径 2 cm 以上的为母竹，来鞭去鞭各为 20 cm，或来鞭 20 cm，去鞭 30 cm 切断，适当带宿土，保护鞭和秆基上的芽，留 3 盘枝，切去梢部。

老鞭　　种鞭

图 8-1　茶秆竹种植母竹种鞭选择

7. 造林方法

就近栽植可不必包扎，若远距离运输要包扎，防止秆柄与竹鞭脱离。运输时要喷水保湿，栽植时鞭一端顶住穴壁，逐步覆土踩实，覆土比原土痕深 2 cm，有水源地方要浇水，并盖草保湿。除用母竹带鞭造林外，也有用 2～4 年生竹鞭造林的，同样可以成功。

8.2.3　幼林抚育

造林后第 4 年成林，所以幼林抚育期为 3 年。

1. 保护好母竹

幼林地禁止放牧，下雨后检查，若有竹鞭露出者应再覆土。

2. 加强抚育

幼林期要做好锄草松土，一年 3 次，时间安排在 2 月、5 月、8 月。

3. 水肥管理

头一年久旱无雨要浇水，常下雨穴中积水要注意排水。一年要施肥 3 次，结合锄草松土时施，每次每亩 2～5 kg 尿素，另加 0.5～1 kg 过磷酸钙，第一次应少施，以后逐年增加。第

4 年即可成林。

4. 留笋养竹

茶秆竹多培养材用竹林，根据用途不同，可培养大径、中径、小径竹林，大径 6～8 cm，中径 4～6 cm，小径 2～4 cm。不同径级竹林立竹量不同，大径级竹林亩立竹 900 株，中径级竹林亩立竹 1500 株，小径级竹林亩立竹 2400 株。大径级竹林每年要留笋养竹 300 株以上，中径级竹林每年要留笋养竹 500 株以上，小径级竹林每年要留笋养竹 800 株以上，除留笋养竹外其余笋可疏去。

8.2.4 成林丰产培育

1. 建立合理的丰产林分结构

(1)林分组成：以经营纯林为主。

(2)立竹量：根据用途不同，培养不同径级竹林，大径级 900 株/亩，中径级 1500 株/亩，小径 2400 株/亩

(3)年龄结构：4 年生竹生理代谢能力下降，可砍伐，林分保持 3 年生以前竹，年龄结构每年生各占 1/3。

(4)地下结构：4 年生以上为衰老竹鞭，每两年结合浅翻，挖去老、死鞭，使地下幼壮龄竹鞭占绝大多数。

2. 科学经营管理

(1)做好留笋养竹：留笋数量与径级按不同径级竹林结构要求，笋必须强壮，无病虫害，尽量注意地上竹株分布均匀。

(2)做好疏笋与采伐利用：弱笋、病虫笋及其他不必留的笋应疏去，疏笋以挖为主，注意不伤鞭，挖后覆土。应疏的笋可在出土 20～30 cm 即挖去，这样的笋笋质较好，不可留太高，免得消耗太多养分。

(3)采伐利用：4 年生竹要采伐利用。要注意竹龄识别，一般 4 年生竹为黄绿色，节间有灰褐色蜡质斑，下部枝条叶较少。注意不可采伐幼壮龄竹，采伐时要注意齐地采，伐后劈开竹蔸，促进竹蔸早烂，要向山倒，注意避免打落其他立竹枝叶。采伐量与每年养竹量相同。

(4)做好抚育与施肥：每 2 年要浅翻 1 次，深度 10～15 cm，由坡下向坡上翻土，不要打碎，浅翻时间在 9—10 月份。浅翻可结合施有机肥，如施厩肥每亩 30 担，如施土杂肥每亩 60 担，施后翻土，肥料翻入土中。每年还要锄草松土两次，即 5 月份和 8—9 月份。这两次锄草松土可结合施化肥，每次每亩碳铵 20～30 kg，结合过磷酸钙或钙镁磷 5～6 kg，可开水平沟施，施后覆土。水平沟宽 15 cm，深 10 cm，沟距 1.5 m。

8.2.5 低产林改造

1. 竹木混交低产林改造

天然的竹木混交林，如常绿阔叶林或针阔混交林中混生有茶秆竹，由于对天然阔叶林的采伐利用，茶秆竹繁衍成林，逐步取代阔叶林，茶秆竹的产量暂时不高但生态环境非常优越，生长潜力极大。改造时，对混生在茶秆竹林中的乔、灌木，如果对竹林无负面影响，且可与竹

林相互促进，特别是许多固氮树种和珍稀树种，提倡与其合理混交，但进行适量的比例调节。特别是影响竹林繁衍，且数量多、盖度大的，可进行强度修枝和间伐，调整伴生树种的比例，并适当进行林地抚育。

2. 荒芜低产林改造

是指茶秆竹长期荒芜，立地条件较差，长期受到破坏，乔木树种受到不同程度的采伐，竹林稀落散生，难以成林，应加强抚育，通过劈山清杂、浅锄、施肥等措施促进竹林恢复生长。

本章小结

苦竹、茶秆竹产量高，笋质好，是夏秋的优良竹种。主要栽培措施包括造林密度及株行距确定、竹苗选择、栽植技术、抚育管理及丰产栽培技术等。正确掌握野生竹种的改造利用，根据不同竹种的生长规律及生长特点进行合理结构控制，并采取相对应管护措施。

思考题

1. 苦竹的开发价值主要表现在哪些方面？
2. 苦竹的合理结构如何控制？
3. 茶秆竹丰产栽培措施有哪些？

第9章

经济竹种绿色栽培技术

竹笋作为人们喜爱的食品，被人们誉为“甲于诸蔬”、“清鲜盖世”的健康卫生绿色食品。目前笋用竹林更多的是追求高产、高效栽培，采用集约经营，使用大量的化肥、农药等，造成环境污染，地力受到破坏，竹林逐步退化，产品质量下降，直接影响了人民的健康及出口创汇。随着生活水平的提高，人们对竹笋品质的要求也越来越高。为适应国内外市场发展的要求，只有生产无公害竹笋，开展绿色栽培技术，竹笋产业才有更好的出路。目前许多地方政府已制定相关标准，对农产品实行检测，只有达到无公害标准的农林产品才能进入市场。而要进入国际市场，必须先达到无公害标准。

本章主要介绍绿色栽培的产地环境要求、栽培技术措施及绿色产品质量要求。

9.1 绿色栽培产地环境

9.1.1 无公害竹笋定义

无公害竹笋是指竹笋的产地环境达到技术监督局制定的产地环境各质量指标要求，并按照技术监督局制定的生产技术准则生产，农药残留、重金属、硝酸盐、有害病原微生物等各项指标均符合技术监督局制定的无公害竹笋质量标准的商品鲜笋。

9.1.2 绿色栽培产地环境质量

绿色栽培产地质量是指产地的空气环境、水环境和土壤环境的质量。要求产地附近应没有污染源，产地的土壤、空气、灌溉水均未被污染，并符合无公害竹笋产地环境标准。

1. 大气环境质量要求

要求质量指标见表9-1。

表 9-1 大气环境质量指标

项目	日平均	1 h 平均	备注
总悬浮颗粒物	0.30		mg/m^3,标准状态
二氧化硫	0.15	0.50	
氮氧化物	0.10	0.15	
氟化物	10		μg/(dm^2 · d)
铅	1.5		μg/m^3,标准状态

注:标准状态为温度 273 开尔文,压力 101.325 千帕时的状态。

竹林大多处在山区,远离污染源,大气环境质量一般能符合要求,但有些位于厂矿周围,要注意环境大气质量的检测,应尽量给予避开。

2. 灌溉水质量要求

绿色栽培产地的灌溉水各项污染物不应超过农田灌溉水质标准(GB5084-92),见表 9-2。

表 9-2 竹林灌溉水质标准

项 目	指 标
氯化物	≤250 mg/L
氰化物	≤0.5 mg/L
氟化物	≤3.0 mg/L
总汞	≤0.001 mg/L
总砷	≤0.1 mg/L
总铅	≤0.1 mg/L
总镉	≤0.005 mg/L
铬(六价)	≤0.1 mg/L
pH 值	5.5～8.5

一般山区的水质量都很好,符合绿色栽培的水质要求,但平原和河流下游地区也要注意避免用污染水。

3. 土壤环境质量要求

应符合 GB15618/1995 中的二级标准以上的要求,见表 9-3。

表 9-3 土壤环境质量标准

项目	指标(单位:mg/kg),≤	
	土壤 pH<6.5	土壤 pH 6.5～7.5
镉	0.3	0.3
汞	0.3	0.5
砷	40	30

续表

项目	指标(单位:mg/kg),≤	
	土壤 pH<6.5	土壤 pH 6.5～7.5
铜	150	200
铅	250	300
铬	150	200
锌	200	250

注:重金属铬(主要是三价)和砷均按元素量计,适用于阳离子交换量>5 厘摩尔(+)/kg 的土壤,若≤5 厘摩尔(+)/kg,其标准值为表内数值的半数。

山区竹林土壤一般能符合要求,但长期使用高残留农药及化工厂附近或废墟的土壤可能会超标。

大气环境质量、灌溉水质、土壤环境质量的采样和分析检测技术按相关的国家标准执行。

9.2 绿色栽培技术措施

9.2.1 土壤管理

土壤松紧度、通透性、湿度、土壤肥力高低对毛竹的孕笋量、出笋量及笋体大小关系密切,因此土壤管理的好坏对笋用竹林尤其重要。

1. 松土除草,清山劈杂

笋用林立竹密度小,林内阳光充足,易滋生杂草,应及时进行除草。一般每年至少 2 次,第 1 次在 5 月下旬至 6 月上旬,第 2 次在 9 月份杂草种子尚未成熟前进行,松土除草深度为 5～10 cm,掌握"除早、除小、除了"的原则。劈除林内的杂草灌木,但应保留现竹林内的乔木(杉木、枫香等)及一些珍贵树种。

2. 深翻松土

笋用林一定要保证土壤疏松,对土壤比较板结、通透性差的笋用林必须翻垦林地,并结合培土,即将土壤成鱼鳞状覆盖,并清除干净林地内的树桩、竹蔸、石块,挖掉老、死竹鞭,改善土壤物理性状。可在新竹长成的当年夏末或冬季,每隔 4～5 年进行一次,深度一般为 20～25 cm。坡度较陡的林地应注意防止水土流失,可进行带状翻土。

9.2.2 施肥

施肥是笋用竹林管理的重要环节,也是无公害竹笋生产的关键因素,特别是化肥的用量应加以控制,生产上应积极推广使用标准所许可的有机肥、生物肥、竹笋专用有机复合肥。

但要达到理想的效果，应做到合理施肥。如毛竹孕笋及笋生长都需要大量的养分，据分析，生产一定量的笋消耗的肥料，是生产同样竹材消耗肥料的 3～5 倍。因此，在管理过程中应及时施用足量的肥料以补充养分的不足。

(1)施肥种类：肥料种类以有机肥为好，如堆肥、厩肥、绿肥、饼肥等，既可以提供多种肥料元素，又可改善土壤物理性状，造成“海绵土”。也可施用微生物肥料，如根瘤菌、菌根菌肥、EM 生物制剂。如毛竹若用速效化肥，则以合理氮、磷、钾比例(4∶3∶1 或 6∶3∶1)的复合肥为好，作为竹林生长关键时期的肥料补充。

表 9-4　无公害竹笋提倡使用肥料

肥料分类	肥料种类		成分
农家肥料	堆肥		由各类秸秆、落叶、人畜粪便堆积而成
	沤肥		以堆肥的原料在淹水条件下发酵
	厩肥		家畜禽的粪尿与秸秆垫料堆集而成
	绿肥		用绿色植物体沤制而成
	秸秆		作物秸秆
	泥肥		未经污染的河泥、塘泥、沟泥等
	饼肥		菜子饼、棉籽饼、芝麻饼、花生饼等
	灰肥		草木灰、焦泥灰等
商品肥料	商品有机肥		以生物物质、动植物残体、排泄物等为原料加工制成
	腐殖酸类肥料		泥炭、褐炭、风化煤等含腐殖酸类物质的肥料
	微生物肥料	根瘤菌肥料	能在豆科植物上形成根瘤菌剂
		固氮菌肥料	含有自生氮菌、联合固氮菌的肥料
		磷细菌肥料	含有磷细菌、解磷真菌、菌根菌剂的肥料
		硅酸盐细菌肥料	含有硅酸盐细菌、其他解钾微生物制剂
		复合微生物肥	含有两种以上有益微生物，之间互不拮抗的微生物制剂
	有机无机复合能		以有机物质和少量无机物肥料复合而成的肥料
	无机肥料	氮肥	含氮素的铵态氮肥、硝态氮肥、硝铵态氮肥、酰胺态氮肥
		磷肥	含磷素化学肥料、磷矿粉及半酸化磷肥料
		钾肥	含钾素的化学肥料
		钙肥	含钙的生石灰、熟石灰、碳酸石灰和其他含钙肥料
		镁肥	含镁的化学肥料和石灰物质
		专用复合肥	根据土壤测试结果和竹类需肥要求配制成的氮、磷、钾等化肥复合而成
		微量元素肥料	含有铜、铁、锰、锌、硼、钼等微量元素配置肥料
	叶面肥料		含有各种营养成分，不含化学合成的生长调节剂，喷施于竹类叶片的肥料

摘自何奇江《毛竹三笋栽培新技术》。

(2)施肥量:依竹林状况、土壤条件及肥料种类等而定。有机肥一般每亩每年用量2000 kg,速效性化肥每亩40～60 kg。

(3)施肥时间及次数:有机肥一般每年施用1次,时间在冬季,结合冬季松土和挖冬笋把肥料均匀撒入林地,挖冬笋时把肥料翻入土中。速效化肥每年一般2次,第一次在春季出笋前半个月左右,第二次在夏末秋初孕笋时期,可采用沟施、撒施、竹蔸施或浇施等,最好采用测土配方施肥。

(4)生态施肥技术:从生态、环保和绿色栽培角度出发,提倡如下几种施肥方法:

①沟施有机肥:这种方法土壤性状长期稳定,竹笋产量、品质提高,投入降低,环保。

如毛竹林普遍缺磷、氮和有机质。以氨基酸生物肥为肥种,全年一次性施入(4—5月份),年施肥80 kg/亩,采用沟施法。

②生物增肥技术:引入固氮植物(以增加竹林产量为主要目的,又兼有一种施肥方式)。

方法是:在头一年秋季采集圆菱叶山蚂蝗的种子,次年初育苗,于当年春季移栽于毛竹林内。这种方法优点在于毛竹纯林中引入园菱叶山蚂蝗,该植物耐阴性,固氮能力强,生物量积累迅速,能在较短时期内改变竹林土壤理化性质和养分状况,与草本植物相比,其含氮量高出69.23%,其他营养成分如K、Mg、Ca等也有不同程度的提高。竹笋产量比对照增加45.8%。

③伐桩施肥:由于不断地采伐,林内留有大量的竹蔸充塞林地,据调查一般毛竹林约有10%的林地被竹蔸所占据,严重影响出笋、成竹。毛竹伐桩施肥技术不但可以促进竹蔸腐烂,还可大大提高竹林的经济效益。毛竹伐桩施肥技术主要优点表现在:竹蔸腐烂快(伐桩施肥的竹蔸腐烂时间约3年,比其他方法快5～8年);肥效高(伐桩施肥肥料位于竹腔内,由腔壁直接吸收,施入的肥料不易流失或被土壤固定,吸收肥效远高于其他根际施肥,并可节约肥料);用工省(采用伐桩施肥比其他根际施肥节省劳动用工三分之二以上);见效快(由于肥料直接接触竹腔,腔壁细胞可迅速吸收和传递,伐桩施肥后第3天就可到达临近的毛竹竹梢)。

伐桩施肥的主要技术内容包括:

A. 选择伐桩:选择尚具生命力的毛竹伐桩,最好在采伐后的3个月内进行施肥。

B. 伐桩穿破方法:将伐桩内的节隔穿破即打通是该项技术的关键,穿破竹隔一般使用钢钎,也可以使用质地较硬的木棍。通常需穿破竹隔5个节以上,以到达秆柄即"螺丝钉"为最佳。穿破的孔眼无须太大,以肥料能顺畅进入为准,否则增加穿破用工,对肥效等也没有显著作用。

C. 施肥种类和方法:伐桩内的节隔穿破后,即可加快竹蔸腐烂,在伐桩内施用肥料可为竹林提高养分,同时又可加快竹蔸的腐烂。肥料以施碳酸氢铵最佳,其次尿素,在肥料中加入少量的工业盐、木霉、果胶霉等效果更佳。

在伐桩内施肥一般每个伐桩施100～250 g,增加施肥的伐桩数和施肥量,可为竹林提供更全面更充足的养分。

D. 覆土方法:伐桩施肥后还要在伐口上覆土,以防止肥料和水分的蒸发。伐桩内施肥一个月后,竹腔内就自然聚集有水分,水分对肥料的溶解吸收、竹腔腐烂具有重要作用,因此,覆土也是毛竹伐桩施肥技术的重要环节。

总之,毛竹林的伐桩施肥与沟施、穴施相比,省工、省肥,并能加速竹蔸腐烂,技术简便易

行。经过中国林业科学院亚热带林业研究所、广西壮族自治区科委的多年试验研究，使用伐腔内施肥可使竹林增产增收28.5%，经济效益十分显著。

9.2.3 合理生产竹笋

如笋用竹林，一年四季都可挖笋，春季挖春笋，夏、秋季挖鞭笋，冬笋挖冬笋。合理掌握挖笋时间及挖笋技术，也是提高笋产量的重要措施。

1. 挖冬笋

毛竹的笋芽在秋季开始萌动，到了冬季笋芽膨大，成为冬笋，此时即可挖取。挖笋时间及挖笋数量要根据气候、土壤、竹林生长状况而定。孕笋期雨多，初冬暖和及水肥条件好的山凹、山坡下部的竹林，冬笋发育早，孕笋量多，可适当多挖，挖笋时期长；反之秋季干旱、肥力不足的笋山，应少挖；小年竹山孕笋量少，一般不挖，否则将严重影响春笋产量。

根据各地经验，挖冬笋方法大致有三种：

(1)沿鞭翻土挖笋：选择植株枝叶浓密、叶色深绿的孕笋竹，判断竹鞭走向(一般来说最下一盘轮枝的方向与竹鞭走向平行)，找出黄色或棕黄色的壮鞭，沿鞭翻土，一般就可找到冬笋。

(2)开穴挖冬笋：即在孕笋竹周围观察，若地表泥块松动或裂开，脚踏感觉到松软的地下，必有冬笋，便可用锄头开穴挖笋。此法较简便，有经验的竹农可用此法。

(3)全面松土或块状松土挖冬笋：即在冬季结合松土施肥时，如发现笋的不定根(与鞭根的区别是肉质的，无须根)，则必有冬笋。

2. 春笋生产

一般在3月份左右，气温升高，毛竹笋体继续伸长增粗，露出土面即成为春笋。根据笋用林的林分结构除留足质量好的春笋养母竹外，其余全部挖取。尽量早挖(当笋出土20 cm左右时要及时挖取)，经常挖(一般每隔2～3天挖一次)，对早、晚期出的春笋全部挖取，选留足量盛期笋养竹。

9.2.4 合理留养母竹、采伐

笋用竹林需要充足的光照，提高土温，促进多孕笋、早出笋、多产笋。所以，立竹密度比较小，一般每亩以150株为宜，竹林中保留1～6年生竹。因此，每年每亩留笋25个，规格9～10 cm或以上。留养新竹应在出笋盛期时选留生长健壮、健康、无病虫害的笋，做到分布均匀。

母竹砍伐在冬季进行，每年砍伐老竹数量与新母竹数量大致平衡。

9.2.5 覆盖和灌溉

覆盖和灌溉同丰产、高效经营。

9.2.6 病虫害防治

绿色栽培要求病虫害防治尽量少用化学防治，应采用下列防治技术。

综合治理原则：贯彻“预防为主，综合防治”的防治方针，加强培育，合理经营，改善竹林的生态环境，优化竹林的生态系统，充分发挥竹林的自然控制作用，增强竹林对有害生物的抵抗能力。以营林技术为基础，优先采用物理防治和生物防治，必要时使用化学防治，将竹笋有害生物的危害控制在允许的经济阈值以下，同时竹笋的农药残留不超标。

1. 营林技术防治

通过各项营林技术措施，达到抑制或减轻竹林有害生物的为害。

(1)维护生态环境：管护好竹林周边森林环境，丰富森林生物群落的物种资源，构成复杂的食物网链，稳定和促进生态系统的平衡。

(2)笋用竹林的管理：采取冬季垦复、夏季除草的措施，破坏有害生物的越冬、越夏场所，降低有害生物种群数。优化竹林结构，科学施肥、灌溉，促进竹林(笋)生长，提高竹林对有害生物的抵抗和忍受能力。

(3)竹林清理：及时清除病、虫为害的竹笋(枝、叶、秆)和老弱残次竹，清除林内病虫源和传播源，改善竹林环境。

2. 物理防治

利用物理及机械方法消除或减轻竹林有害生物的为害。

(1)利用害虫趋光性进行诱杀。竹林内用黑光灯、高压汞灯、频振式诱杀灯等诱杀螟蛾、夜蛾科害虫等。

(2)利用害虫的趋化性进行诱杀。在竹林内，用糖醋液、性信息素、卤水、腥味或在麦麸皮、饼肥等食物中掺入适当毒剂诱杀害虫。

(3)利用害虫的潜伏习性，人为设置害虫潜伏条件引诱害虫来潜伏或越冬，然后杀灭害虫。

(4)利用害虫上树、上竹的习性，设置阻隔带、环或毒环捕杀害虫。

3. 生物防治

利用天敌防治害虫和病害。

(1)以虫治虫：保护和利用螳螂、瓢虫、草蛉、蚂蚁、食蚜蝇、猎蝽、蜘蛛等捕食天敌，利用寄生蜂、寄生蝇等寄生害虫的卵、幼虫、蛹，达到治虫和降低害虫为害的目的。可采用人工繁殖释放天敌，助迁、引进天敌及填充寄生食物等方法。

(2)微生物治虫与防病：利用某些微生物对害虫的致病或对病原菌的抑制作用防治病虫害：一是利用细菌，普遍应用苏云金杆菌等菌剂，防治害虫。二是利用真菌，应用白僵菌、绿僵菌、蚜霉菌等防治害虫。三是利用多角体病毒、颗粒体病毒、质型多角体病毒等防治害虫。四是利用藜碱醇溶液、苦参素、苦楝素、鱼藤根、除虫菊素、双素碱等植物源农药防治害虫。五是利用农用抗生素、抗菌剂等生物农药防治病害。

(3)保护和招引食虫鸟：鸟类能捕食竹林中螟虫、舟蛾等害虫的成虫、幼虫，在竹林中应严格禁止捕杀益鸟，有条件的地方还可进行人工招引。

4. 化学防治

利用化学农药防治病虫害应注意的事项：

(1)合理选用农药：根据竹林有害生物发生的实际情况对症用药，依防治对象、农药性能以及抗药性程度不同，选用最合适的农药品种；根据防治指标适时防治，尽量减少农药使用次数和用药量，以减少对竹林和环境的污染。

(2)优先使用植物源、微生物源农药和昆虫生长调节剂，限量合理使用矿物源农药(硫、铜制剂)。

(3)有限度地使用部分高效低毒的化学农药，注意选用品种、使用次数、使用方法和安全间隔期。

(4)无公害竹笋允许使用有关规定的农药。防治地下害虫，施放农药应在采笋期结束后进行。防治叶、枝、秆病虫，应在采笋前 1 个月或笋期结束后进行。

表 9-5　无公害竹笋农药安全使用标准

农药名称	防治对象	使用尝试
40%乐果	竹蚜虫等	800～1000 倍液
80%敌敌畏	竹蚜虫、竹小蜂成虫等	800～1500 倍液
90%敌百虫晶体	3 龄前小地老虎	1000 倍液
20%氰戊菊酯(速灭杀丁)	跳甲、竹蚜虫、竹线盾蚧若虫	1000～2000 倍液
2.5%功夫乳油	竹线盾蚧、竹蚜虫等	1000～2000 倍液
2.5%溴氰菊酯(敌杀死)	地老虎、竹蚜虫、竹小蜂成虫	2000～3000 倍液
40%毒丝本	地下害虫、金针虫	1000～2000 倍液
特效菊巴马乳油	竹线盾蚧、竹蚜虫	1000～2000 倍液
5%抑太保	竹螟	1500～3000 倍液
5%锐劲特	地老虎	3000～4000 倍液
1%杀虫素	红蜘蛛	3000 倍液
敌马烟剂	竹蚜虫、竹小蜂成虫	15 kg/ha
10%吡虫啉	竹蚜虫	2500～3000 倍液
50%多苗灵	竹丛枝病、高节竹枯梢病	800～1000 倍液
64%杀毒矾锰锌	白粉病	500～600 倍液
25%粉锈宁	竹秆锈病、根腐病、丛枝病	2000～3000 倍液
48%氟乐灵	马唐、繁缕等 1 年生禾本科及阔叶杂草	5000～6000 倍液
50%杀草丹	马唐、看麦娘等禾科杂草，莎草科及部分 1 年生阔叶杂草	500～600 倍液
60%去草胺	马唐、看麦娘等禾本科杂草，莎草科及某些阔叶杂草	1000 倍液
草甘膦(30%可溶性粉剂)	杂草	200～300 倍液
(10%水分散粒剂)		30～60 倍液
(41%水分散粒剂)		200～300 倍液

(5)无公害竹笋生产过程中,全面禁止使用甲胺磷、呋喃丹、氧化乐果、甲基对硫磷、对硫磷、久效磷、甲拌磷等高毒高残留农药(见表 9-6)。

表 9-6 竹笋生产禁止使用的高毒高残留农药品种

农药种类	农药名称	禁用原因
无机砷杀虫剂	砷酸钙	高毒
有机砷杀菌剂	甲基胂酸锌(稻脚青)、甲基酸胺(田安)、福美甲胂、福美胂	高残留
有机锡杀菌剂	薯瘟锡(毒菌锡)、三苯基醋酸锡、三苯基氯化锡、氯化锡	高残留,慢性毒性
有机汞杀菌剂	氯化乙基汞(西力生)、醋酸苯汞(塞力散)	剧毒,高残留
有机杂环类	敌枯双	致畸
氟制剂	氟化钙、氟化钠、氟化酸钠、氟乙酰胺、氟铝酸钠	剧毒,高毒,易药害
有机氯杀虫剂	滴滴涕、六六六、林丹、艾氏剂、狄氏剂、五氯酚钠、硫丹	高残留
有机氯杀螨剂	三氯杀螨醇	工业品含有一定数量的 DDT
卤代烷类熏蒸杀虫剂	二溴乙烷、二溴氯丙烷、溴甲烷	致癌,致畸
有机磷杀虫剂	甲拌磷、乙拌磷、久效磷、对硫磷、甲基对硫磷、甲胺磷、氧化乐果、治螟磷、杀扑磷、水胺硫磷、磷胺、内吸磷、甲基异磷	高毒,高残留
氨基甲酸酯杀虫剂	克百威(呋喃丹)、丁(丙)硫克百威、涕灭威	高毒
二甲基甲脒类杀虫	杀虫脒 杀螨剂	慢性毒性,致癌
取代苯杀虫杀菌剂	五氯硝基苯、稻瘟醇(五氯苯甲醇)、苯菌灵(苯菌特)	国外有致癌报道或二次药害
二苯醚类除草剂	除草醚、草枯醚	慢性毒性

9.3 绿色栽培竹笋质量标准

9.3.1 外观要求

要求大小适中,笋体饱满完整,新鲜清洁,色泽良好,无腐烂,无霉变,无异味,无影响食用的病虫危害。

9.3.2　卫生标准

竹笋卫生指标应符合表 9-7 规定。

表 9-7　无公害竹笋卫生标准

项目	(最大残留限量)指标,≤
铅(以 Pb 计)	0.3
砷(以无机砷计)	0.05
镉(Cd 计)	0.1
汞(以 Hg 计)	0.01
敌敌畏	0.2
乐果	0.5
溴氰菊酯	0.5
氰菊酯	0.05
乙酰甲胺磷	1.0
毒死蜱	0.05
甲胺磷	0.01
呋喃丹	0.01
氧化乐果	0.01
亚硝酸盐($NaNO_2$ 计)	4

9.3.3　包装与标志

1. 包装

无公害竹笋的包装应符合食品卫生标准要求,防止二次污染。

2. 标志

标签上应标明产品品种、重量、生产单位、产地、采用标准号、采收时期。

9.3.4　运输与贮存

装运时应轻装、轻卸,防止机械损伤,运输工具应无污染。运输过程中防止日晒、雨淋,注意防冻和通风散热。贮存时应放在阴凉、通风、清洁卫生的地方,防止日晒、雨淋、冻害及有害物质等污染。

竹子的绿色栽培首先要选择好绿色栽培的产地环境,包括产地气候、产地水质、产地土

壤等。栽培措施主要有土壤管理、施肥、绿色竹笋生产、合理结构调控、灌溉及病虫害防治等。特别在灌溉水质要求、施肥种类选择及施药等措施上应按国家绿色栽培的质量标准进行,同时笋产品质量也制定了相应的标准。在进行绿色栽培中应严格按照国家的有关规定进行管理、生产。

思考题

1. 什么叫无公害栽培?
2. 绿色栽培的产地环境有哪些要求?
3. 绿色栽培施药有何要求?

第 10 章

经济竹种主要有害生物控制技术

目前经济竹种有害生物危害主要有：

病害：主要有毛竹枯梢病、竹秆丛枝病、毛竹煤烟病、竹秆基腐病等。

虫害：主要有竹笋禾夜蛾、竹笋象、竹笋泉蝇、刚竹毒蛾、竹镂舟蛾、黄脊竹蝗、竹广肩小蜂等。

其他危害：主要有野猪、竹鼠、野兔等。

应“预防为主，积极消灭”。实行综合防治，关键加强集约经营，提高自身抗病能力；“治早、治小、治了”，逐步采取生物防治，减少化学防治。

本章主要介绍竹林主要的病、虫、兽害的特征、危害情况及防治措施。

10.1　竹类病害控制技术

10.1.1　毛竹枯梢病

此病主要为害新竹竹梢，在浙江、安徽、江苏、上海、江西、福建(南平、三明、莆田、宁德、霞浦、永春)等曾有大面积发生。

1. 症状

在当年新竹的主梢或分枝处，初现浅褐色小点，后发展为不规则形的紫黑色，叶子萎蔫、纵卷，后枯黄脱落，严重时竹冠变黄褐色，似火烧。根据发病部位可分为枯枝型(病斑产生于枝条的节杈处，扩展后引起该节枝条的枯死)、枯梢型(病斑出现在某一节的枝、秆交界处，扩展后引起该盘枝条及其以上的枝梢全部枯死)、枯株型(病斑发生在竹冠基部的枝、秆交界处，扩展后导致全株枝梢枯死)。

2. 病原

子囊亚门核菌纲球壳目间座壳科喙球菌属竹喙球菌。子囊壳埋在病枝的组织内，聚生(偶有单生)。

3. 发病过程

病菌以菌丝体在病竹内越冬(可存活 3～4 年)，在 4—6 月份，高温高湿季节(特别在 5

月中下旬至6月上中旬)，当年新竹放枝展叶期，病菌产生子实体及孢子角(主要指有性子实体)，雨天雨水融化孢子角，大量孢子角随风雨侵染新竹节杈处，在竹组织内蔓延，致病。

4. 防治方法

与气候、潜伏病菌数量(病竹多少)、竹林生长情况有密切关系。

(1)清除竹林内病株、病梢、病枝：该病初侵染主要是前1～2年病竹上的子实体，故应在子实体产生之前(出笋前)砍除病株，剪除枯梢、枯枝。

(2)药剂防治：在病菌侵入期(5月下旬至6月上中旬)，每隔7天对竹冠喷洒3～4次。药剂常用1%的波尔多液或50%多菌灵可湿性粉500～1000倍液。

(3)加强检疫：禁止病母竹进入新区种植，防止用病枝、病梢、病株作篱笆，以免病菌孢子传播。

10.1.2　竹丛枝病

又称鸟巢病、扫帚病、竹疯病。主要为害雷竹、高节竹、刚竹、淡竹、早园竹、石竹、乌哺鸡竹、麻竹、桂竹等。在浙江、江苏、湖南、河南、贵州、台湾及福建(南平、建瓯、武夷山、三明、永安等)等地都有受害。

1. 病状

开始个别病枝细长衰弱，叶形变小，节数增加，小枝顶端长出几片新叶，并长出无数侧枝，形似扫帚状；叶退化成鳞片形，节间缩短，小枝丛集成球，形如鸟巢。病竹在数年内，由少数枝条发病逐渐发展到全部枝条，最后全株枯死。

2. 病原

子囊菌亚门核菌纲球壳菌目麦角菌科柱(疣)座菌属的瘤座菌、竹丛枝香柱菌。

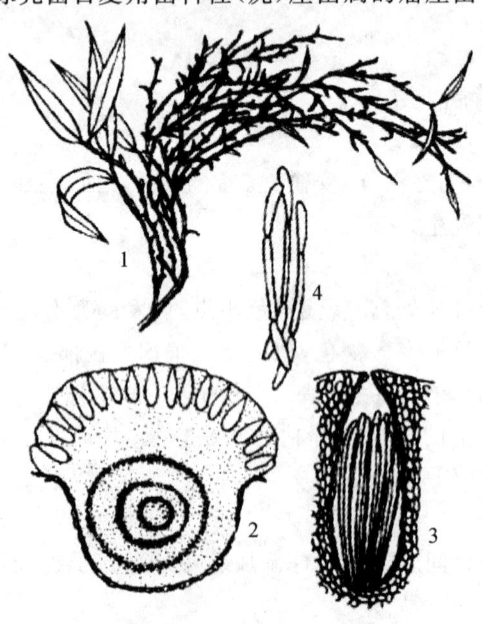

1. 竹丛枝症状　2. 子座　3. 子囊壳及子囊　4. 子囊孢子

图10-1　竹丛枝病

3. 发生发展

病菌的无性世代子实体于 5 月中旬开始成熟，随风雨传播，侵害当年新竹及新换叶的嫩枝，6 月底至 7 月初出现病状。立竹发病由下部枝条逐年向上部枝条扩散，使病情加重。一般老竹较新竹发病重，林缘较林内重，迎风面较背风面重。

4. 防治方法

(1)加强竹林抚育管理：适时适量砍伐，保持合理结构，加强松土除草、施肥等。

(2)加强检疫。

(3)及时剪除病株，严重竹林应砍除全林，就地烧毁。

10.1.3 毛竹煤烟病

又称煤污病、烟煤病。在浙江、广东、贵州、湖南、河南、台湾、福建(南平、三明、龙岩、宁德等)等均有较大面积的危害。为害散生竹和丛生竹的一些竹种(毛竹、哺鸡竹、刚竹等)。

1. 症状

开始竹叶或小枝上产生圆形或不规则的黑色丝绒状煤点，后扩大竹叶两面，叶鞘及小枝上均布满黑色厚厚的煤层，严重时枝叶黏结，竹叶发黄脱落。煤污层的枝叶上常见蚜虫和介壳虫为害，且发现有虫媒天敌——瓢虫等。

2. 病原

子囊菌亚门核菌纲小煤炱目小煤炱科的小煤炱菌和明双孢小煤点菌。

3. 发生发展

病菌以菌丝体或子囊果在病株上越冬，借风、雨、昆虫传播，常在春秋两季发病。此病的发生常与竹林管理不善、竹林密度过大、竹子生长细弱及蝶、蚜虫、介壳虫的为害有密切的关系。

4. 防治方法

(1)治病先治虫

当介壳虫、蚜虫若虫活动时，用 40%乐果 1000 倍液或 50%马拉松乳剂 1000 倍液或 25%、40%亚胺硫磷乳剂 300～1000 倍液或松脂合剂 20 倍液或波美 0.3 度石硫合剂喷雾防治。

(2)合理砍伐，留养母竹：保持竹林合理结构。

10.1.4 竹疹斑病

又称竹黑痣病、叶肿病。在江苏、浙江、广东、台湾、湖南、河南、贵州、福建(建瓯、建阳、武夷山、松溪、三明、永安、上杭、连城等)均有分布。主要为害毛竹、刚竹、淡竹、箬竹、桂竹、青皮竹等。

1. 症状

此病发生在竹叶上，开始时(8—9 月份)叶表面产生灰白色小点，后扩大成梭形橘红色病斑，翌春病斑稍隆起，漆黑色，为圆形、椭圆形或纺锤形小黑点(病菌的子座)，外围有明显的黄色变色圈。

2. 病原

子囊菌亚门核菌纲球壳菌目疔座霉科的黑痣菌(有竹圆黑痣菌、白井黑痣菌、竹长黑痣菌)。

3. 发生发展

病菌以菌丝体或子座在病叶中越冬,翌年4—5月份子实体成熟撒放孢子,靠风雨传播。

4. 防治方法

(1)加强竹林抚育管理,增强抗病能力。

(2)合理留养母竹、砍伐,保证合理结构,使竹林通风透光。

(3)在7—8月份叶片上刚刚出现灰白色病斑时,喷洒50%甲基托布津500倍液,该药具有内吸杀菌作用。

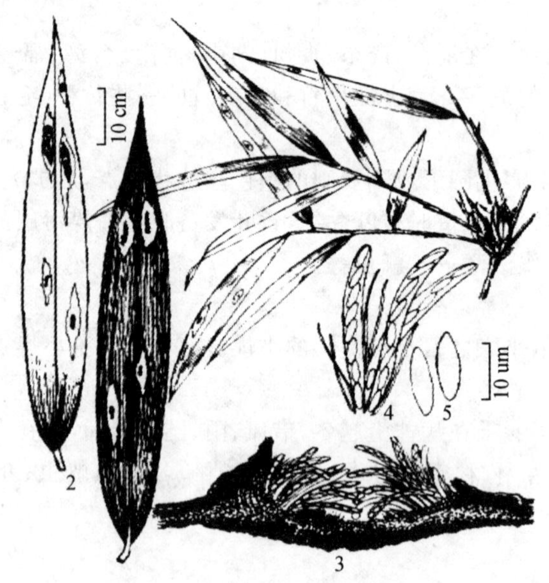

1. 病枝 2. 叶部症状 3. 子囊壳 4. 子囊侧丝 5. 子囊孢子

图 10-2 竹黑痣病

10.1.5 竹黑粉病

在江苏、浙江、江西、福建(建瓯、建阳、武夷山、松溪、三明、永安、上杭、连城等)、河南、云南、台湾等均有发生。主要为害刚竹、淡竹、水竹、雷竹等。

1. 症状

此病常发生在新枝的嫩梢上,开始时(5—6月份)嫩梢受害,顶端稍膨大,叶鞘呈淡紫色,叶鞘开裂,露出暗褐色的墨粉即孢子堆,覆盖在嫩梢上。病部可逐渐向下蔓延,黑粉也不断增生,最后可使整个新枝枯死。

2. 病原

由担子菌亚门黑粉菌目的竹黑粉菌寄生引起。

3. 发生发展

以菌丝体在病竹内潜伏越冬，翌春在病部产生大量厚垣孢子，借风传播。在合适的温度下萌发后侵入寄主。

4. 防治方法

(1)加强竹林抚育管理，增强抗病能力。

(2)清除病株、病枝。

10.2　竹类虫害控制技术

10.2.1　竹笋夜蛾

分布于河南、陕西以南各竹产区，主要为害刚竹属竹种，被害笋大多死亡，即使发育成竹，竹秆被害处节间缩短，基部和中下部有圆形蛀孔或纵向条形蛀道，竹材利用率和商品价值降低。

1. 生活习性

1 年 1 代，以卵越冬，2 月后孵化，先在禾本科杂草中活动，后爬到已破土而出的竹笋箨片上蛀食，4 龄幼虫蛀入笋中。幼虫共 6 龄，在笋中蛀食 18～25 天，老熟幼虫爬出笋，入土化蛹。蛹期 20～30 天，约 6 月上旬羽化，交尾产卵。

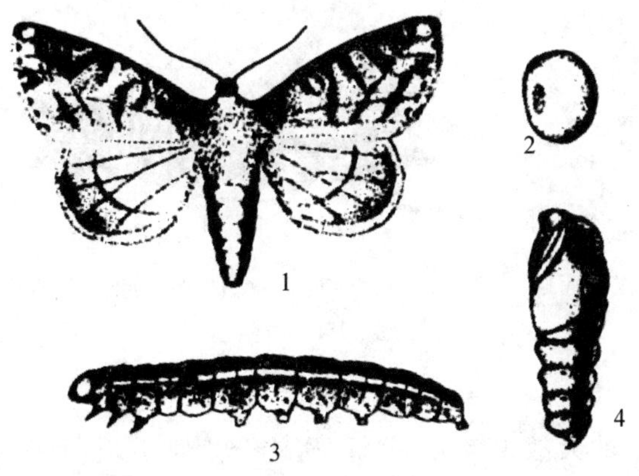

1. 成虫　2. 卵　3. 幼虫　4. 蛹

图 10-3　竹笋禾夜蛾

2. 防治方法

(1)林地除草松土：3 月初孵化时除草松土 1 次可消灭孵化幼虫；8—9 月份再除草松土 1 次，消灭越冬卵。这样可减少为害 80%左右。

(2)及时挖退笋：退笋有虫率 50%以上，及时挖退笋，可减少虫口密度。

(3)药剂防治：可用 90%敌百虫 10000 倍液或敌敌畏 1500 倍液在幼虫孵化时喷雾，隔 1

周喷1次，共喷2～3次。

(4)灯光诱蛾：6月份成虫羽化时，夜间用黑光灯诱杀。

10.2.2 竹蝗

主要是黄脊竹蝗，啮食毛竹竹叶，也为害淡竹、刚竹、石竹等，有时也取食一些禾本科杂草。大发生时会将竹叶吃尽，幼竹受害后枯死，2年生以上的竹被为害后2～3年不发笋。受害竹往往节间积水，纤维败坏，竹秆利用价值低，大发生时，致大面积竹林失叶殆尽，竹株枯死。

1. 生活习性

每年1代，以卵越冬，5月初开始孵化，至6月底结束。若虫开始群集林下禾本科杂草上取食，10天后上竹。若虫有迁移性，天气炎热时，中午下竹，躲于阴凉处，下午降温后又上竹，晚上很少活动。7月份羽毛化为成虫，群集啮食竹叶，喜食带尿味物品，成虫中午也会下竹集于阴凉处，20天交尾。交尾后约16天下竹产卵，先腹部插入土中，排放泡沫状物质，再将卵产下形成卵块，卵块约入土3 cm。蝗虫喜产卵于土质松软的阳坡山腰、山凹，每雌虫约产6卵块，产卵后成虫死亡，以卵越冬。

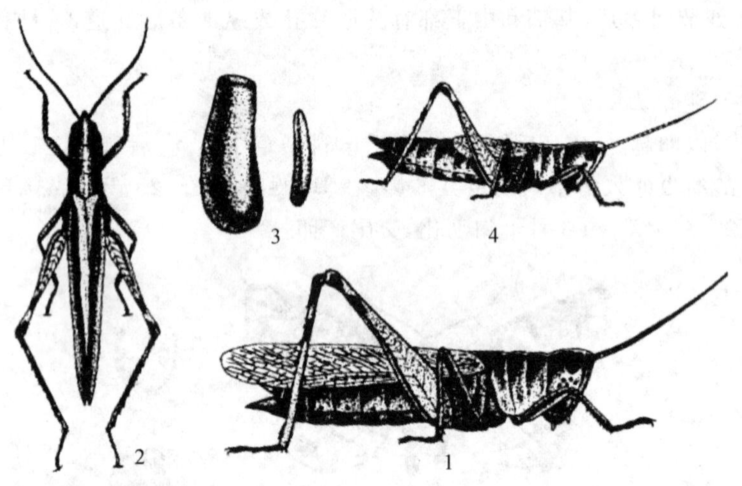

1. 成虫(侧面观) 2. 成虫(背面观) 3. 卵及卵囊 4. 第5龄若虫

图10-4 竹蝗

2. 防治方法

(1)保护天敌：竹蝗的天敌很多，黑卵蜂、寄蝇分别寄生蝗卵、跳蝻和成虫；蜘蛛、螨、蚂蚁、螳螂和多种鸟类可捕食竹蝗的各个虫态。以小噪鸟及画眉捕食量最大，林中捕食性昆虫如红头芫青，其幼虫食蝗卵，步行甲、食虫虻捕食若虫，螳螂、胡峰捕食成虫和若虫。

(2)人工挖卵：11月份对成虫集中产卵林地进行垦复处理，查竹蝗成虫尸体可以找到竹蝗产卵地，后挖卵块加以消灭。

(3)药尿诱杀：可用稻草浸尿后喷上敌百虫粉堆在竹林下，若虫和成虫都有嗜尿习惯，会趋味而来，可毒死若虫和成虫。

(4)农药防治：若虫未上竹前(孵化后约10天)可喷敌百虫粉或杀螟粉，上竹后可放敌敌畏烟剂杀死若虫和成虫。

10.2.3　刚竹毒蛾

刚竹毒蛾在各地常有发生，立竹被为害后第 2 年笋产量明显降低，严重时会将竹叶全部吃尽，使竹下部节间积水，逐渐枯萎死亡。

1. 生活习性

1 年 1 代，以卵或 1～2 龄幼虫在叶背越冬，翌年 3 月中旬越冬幼虫开始活动，越冬卵也开始孵化，到 4 月上、中旬孵化完毕。幼虫期分别出现在 3 月上旬至 6 月初、6 月中旬至 8 月初、8 月中旬至 10 月初，成虫出现期分别为 5 月中旬至 7 月初、8 月份、10 月份，有世代重叠现象。成虫一般于早晨或傍晚羽化，羽化后 2 天开始交尾，12 h 后产卵，卵产于叶背或竹秆上，成单行或双行排列，产卵后雌蛾死亡。成虫有较强趋光性。卵期 6～12 天。初孵幼虫先吃卵壳，后吃竹叶，有吐丝下垂随风转移习性。4 龄幼虫取食量很大，反应灵敏，有假死性，遇惊即卷曲，弹跳坠地，中午天热会下竹乘凉。老熟幼虫在叶下或竹秆上结茧，也下竹在杂草中结茧，2～3 天化蛹，6～15 天羽化。

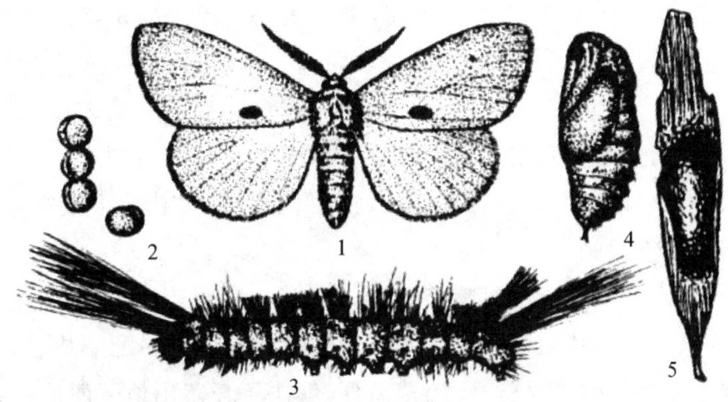

1. 成虫　2. 卵　3. 幼虫　4. 蛹　5. 茧

图 10-5　刚竹毒蛾

2. 防治方法

(1)施放白僵菌粉炮：每亩 0.5 kg，效果较好，也可试用苏云金杆菌粉炮。

(2)烟剂熏杀：每亩 1 kg，中间插放一条密封装 15～20 mL 敌敌畏原液的塑料管，可提高杀虫效果。

(3)点灯诱杀:成虫有趋光性,可点灯或烧火堆诱杀。

(4)农药防治:可用 2.5%敌百虫粉剂,每亩 2.5~3 kg;或 90%敌百虫、50%敌敌畏 2000 倍喷雾。

(5)大面积发生时,可将森得保粉剂用喷粉喷雾机喷施,用药量每亩 1 kg;或采用苦参—烟碱烟剂、高渗苯氧威烟雾剂防治,用药量每亩均为 1 kg。

10.2.4 竹镂舟蛾

1. 生物学特性

竹镂舟蛾(*Loudonta dispar* Kiriakoff)又名竹青虫。为害竹类。幼虫取食竹叶,严重时将叶食光,使竹枯死,影响出笋和竹材质量。

2. 发生规律

每年 3~4 代。各代幼虫为害期分别为 5 月上旬到 6 月下旬、6 月下旬至 8 月中旬、8 月下旬到 10 月中旬、10 月上旬到翌年 1 月下旬,世代重叠。成虫在傍晚至清晨羽化,白天静伏,傍晚活动,具趋光性。卵产于竹叶上,成块状,每块十数粒至百数粒。

3. 防治方法

(1)灯光诱杀成虫:成虫盛发期设置黑光灯诱杀成虫。

(2)人工防治:大部分舟蛾幼虫初龄阶段有群集性,可将虫枝剪下或震落消灭。结合养护管理,在根际周围掘土灭蛹。

(3)药剂防治:幼虫低龄阶段及时喷药灭虫。

①用苦参—烟碱烟粉剂喷粉:1.2%苦参—烟碱乳油与白石粉配制成含药量 4%的杀虫粉剂,防治第一代 2~4 龄幼虫,见效快,施药方便,解决了丘陵山地不便采用水剂、烟雾剂方式防治的难题。施药后 20 h 内害虫被击落,致死达 91.7%;施药 50 h 后,24 h 内掉落地面的毛竹叶片数量减少 88%。

②采用森得保粉剂喷粉,用药量为每亩 1 kg。也可采用在竹林施放苦参—烟碱烟剂、高渗苯氧威烟雾剂,防治竹镂舟蛾幼虫,防治效果均 80%以上。用药量均为每亩 1 kg,主要做法是在林间上中下部沿等高线放置药剂。

10.3 竹类兽害控制技术

许多野生的哺乳动物以竹叶、竹笋和竹根为重要食物,它们对竹林、竹株有一定的危害。目前各地较多见的竹类害兽主要有野猪、竹鼠、野兔等少数几种。从保护野生动物、保持生态平衡方面考虑,在竹类兽害防治上(鼠类例外),已不许或不主张大肆捕杀害兽,应该加强竹林的围栏、围篱，防止害兽进入林内；设置多种惊吓、驱赶害兽的声、形设施，以惊走害兽；保护好害兽的天敌，以达到生物间的自然控制和生态平衡。而且，许多以竹为食的兽类不但珍稀，其皮毛、肉等都可利用，可开展综合利用研究，变害为宝。

10.3.1　野猪

图 10-6　野猪危害

1. 生活习性

野猪分布广泛，是山区竹林的害兽，发笋季节啃食竹笋和嫩竹。一头野猪一夜间可为害竹林数十亩。

2. 防治方法

冬喜温暖，夏季怕热，爱洗澡。主要栖息于林中水塘、溪流附近，及朝阳山坡。传统的防治方法主要是猎杀和设陷阱诱捕。现在以加强竹林围栏、围篱，训练野狗驱赶，设置惊吓设施，保护大型肉食天敌等为主。

10.3.2　竹鼠

图 10-7　竹鼠危害

1. 生活习性

啮齿目，竹鼠科动物，体大者重可达 1 kg 左右。主要以啃食竹类及部分大型禾草幼嫩的地下部分为生，栖居于竹林中自掘的洞内，在洞外行动迟缓，因而白天极少到洞外活动。

2. 防治方法

(1)加强竹林抚育管理：通过全垦、劈山、松土等措施，破坏竹鼠洞，减少危害，同时可促进竹子生长。

(2)人工挖捕：竹鼠洞较浅而短，其视力又弱，采取人工捕捉的方法。

(3)保护天敌：主要天敌是猫头鹰、野猫、黄鼠狼等肉食动物。

本章小结

经济竹种的有害生物控制主要包括病害、虫害及兽害。目前福建省主要竹类病害有毛竹枯梢病、竹丛枝病、毛竹煤烟病、竹疹斑病等，通过观察病症、查清病原、摸清生病过程等，提出了相应的防治方法及措施；竹类虫害主要有竹笋夜蛾、竹蝗、刚竹毒蛾等，通过调查竹虫的生活习性、摸清生活规律，提出了相应的防治方法及措施；竹类兽害主要有野猪害、竹鼠害等，通过了解其生活习性，因地制宜地采取相应的防治办法。

思考题

1. 刚竹毒蛾为害状如何?
2. 如何防治竹蝗危害?
3. 毛竹枯梢病防治的主要措施是什么?

第 11 章

经济竹种高效栽培规划设计

目前经济竹种栽培最主要是毛竹栽培，本章以毛竹为例介绍高效栽培的规划设计，为合理地应用毛竹的高效栽培技术措施提供科学的依据。

本章主要介绍竹林规划设计方案的制定、竹林规划设计的程序和方法、竹林规划设计成果编制等，包括毛竹林的产量估算方法、规划内容、调查方法及设计方法。

11.1 毛竹林产量估算

为了掌握和合理利用毛竹林资源，评价毛竹林的生产效果，为毛竹林规划设计和笋竹生产计划提供可靠的依据，必须正确地估算毛竹林的产量。

毛竹林产量包括笋、竹产量，计算方法与林木和林分产量不同。在一般的森林资源清查中林木和林分产量通常采用材积(m^3)表示。而毛竹秆中空，用材积计量不仅复杂，而且竹材加工利用时，一般不用材积计量。所以，在竹材产量计算时，适宜用重量表示。

11.1.1 笋产量估算

毛竹笋产量的估算是对竹林出笋量的一种预测方法，从预测过程中可以了解林分各因子对出笋量的影响，从而制定正确的经营措施，同时也为宏观制定计划提供依据。竹林出笋量的多少是林分各因子及环境综合影响的结果，仅从某一两项因子与出笋量的关系中难以准确预测林分的出笋量。但将林分所有影响因子全部考虑在内，困难很大。因此可以在理论上确认对出笋量影响较大的若干个因子，并对这些因子进行全面调查，从而建立一个比较真实可靠的反映它们之间关系的数学模型。

11.1.2 毛竹林竹秆产量估算

1. 竹秆鲜重估算

直接测定竹秆鲜重是很难实现的，在估算时必须找出竹秆重量与某测树因子的关系，掌握其中的规律性，建立有关方程，制定竹秆重量表。

竹秆鲜重与胸径关系最为密切，据有关研究表明，竹秆鲜重与胸径关系为 $W=aD^b$，式中 a 和 b 为参数，D 为胸径，W 为竹秆鲜重。参数大小与竹林的经营水平有关。关系式为：

第一类（1 经营级）毛竹林为：$W_1=0.0959D^{2.3828}$；

第二、三类（2、3 经营级）毛竹林为：$W_{2,3}=0.1547D^{2.17537}$。

根据以上两种方程，编制了第一类竹林重量表和第二、三类竹林重量表，如表 11-1、表 11-2 所示。

表 11-1　第一类毛竹林重量表

kg

胸径/cm	1	2	3	4	5	6	7
0.0	0.10	0.49	1.29	2.54	4.31	6.66	9.54
0.2	0.15	0.62	1.50	2.85	4.71	7.16	10.19
0.4	0.21	0.76	1.73	3.18	5.17	7.72	10.88
0.6	0.20	0.92	1.98	3.54	5.47	8.30	11.58
0.8	0.38	1.09	2.25	3.91	6.11	8.91	12.31
胸径/cm	8	9	10	11	12	13	14
0.0	13.08	17.27	22.16	27.76	34.06	41.19	49.09
0.2	13.86	18.20	23.23	28.96	35.49	42.72	50.76
0.4	14.68	19.14	24.31	30.21	36.85	44.27	52.48
0.6	15.52	20.23	25.43	31.48	38.27	48.84	54.23
0.8	16.39	21.13	26.58	32.79	39.72	47.46	56.01
胸径/cm	15	16	17	18	19	20	
0.0	57.80	67.32	77.66	88.95	101.08	114.05	
0.2	59.61	69.32	79.87	91.11	103.60	116.83	
0.4	61.49	71.22	82.07	93.66	106.16	119.51	
0.6	63.39	72.48	84.32	96.07	108.77	122.32	
0.8	65.37	75.55	86.60	98.59	111.42	125.18	

摘自南京林业大学竹类研究所《竹林培育》。

表 11-2　第二、三类毛竹林重量表

kg

胸径/cm	1	2	3	4	5	6	7
0.0	0.15	0.70	1.69	3.15	5.12	7.62	10.65
0.2	0.23	0.86	1.94	3.51	5.58	8.18	11.32
0.4	0.32	1.04	2.21	3.88	6.06	8.77	12.02
0.6	0.42	1.23	2.51	4.27	6.56	9.37	12.72
0.8	0.56	1.45	2.82	4.69	7.07	10.00	13.48

续表

胸径/cm	8	9	10	11	12	13	14
0.0	14.24	18.40	23.13	28.47	36.46	40.93	48.10
0.2	15.02	19.30	24.0	29.60	35.66	42.33	49.61
0.4	15.84	20.22	25.20	30.76	36.94	43.72	51.15
0.6	16.66	21.17	26.26	31.96	38.25	45.15	52.71
0.8	17.52	22.14	27.35	33.17	39.58	46.62	54.29
胸径/cm	15	16	17	18	19	20	
0.0	55.89	64.30	73.35	83.10	93.43	104.50	
0.2	57.50	66.07	75.25	85.11	95.60	106.80	
0.4	59.17	67.85	77.15	87.14	97.80	109.10	
0.6	60.80	69.67	79.12	89.22	100.00	111.50	
0.8	62.59	71.50	81.08	91.35	102.20	113.80	

摘自南京林业大学竹类研究所《竹林培育》。

例如某第一类毛竹林经标准地调查得 2 度竹的平均胸径为 9.2 cm，2 度竹株数 35 株，查第一类毛竹一元重量表，得每株鲜重为 18.2 kg，则 2 度竹的产量为：18.2×35＝637.1 kg，同样的方法可求出其他各度竹的产量，各度竹的产量总和即为标准地竹林产量，再从标准地面积推算全林的产量。

根据竹秆胸径与重量关系编制的重量表称为一元重量表。此种重量表编制和使用简便，但同胸径的竹秆高度不可能一样，鲜重也有差异，所以一元重量表的精确度不高。为此，有关专家研究出竹秆胸径、高度与重量的关系，关系式为 $W=aD^bH$，式中 H 为竹秆高度，D 为胸径，a 和 b 为两个参数，参数大小与竹林经营水平有关。建立了第二、三类竹林方程式：

第二类毛竹林为：$W_2=0.06D^{1.4678}\cdot H$；

第三类毛竹林为：$W_3=0.03D^{1.7}\cdot H$。

根据以上两个方程编制了第二类竹林二元重量表和第三类竹林二元重量表，如表 11-3、表 11-4 所示：

表 11-3　第二类毛竹林二元鲜重表

kg

高度/m	胸径/cm															
	5	6	7	8	9	10	11	12	13	14	15	16	17	18	19	20
5	3.18	4.16	5.22	6.35	7.55	8.81										
6	3.82	4.99	6.26	7.62	9.05	10.57	12.16									
7	4.46	5.83	7.31	8.89	10.56	12.33	14.19	16.12				$W=0.06D^{1.4678}\cdot H$				
8	5.09	6.66	8.35	10.16	12.07	14.09	16.21	18.42	20.71							
9	5.73	7.49	9.40	11.43	13.59	15.85	18.24	20.72	23.30	25.98						
10	6.37	8.32	10.44	12.70	15.09	17.62	20.27	23.02	25.89	28.87	31.95					

续表

高度/m	胸径/cm															
	5	6	7	8	9	10	11	12	13	14	15	16	17	18	19	20
11	7.00	9.15	11.48	13.97	16.60	19.38	22.29	25.32	28.48	31.75	35.15	38.63				
12	7.64	9.99	12.53	15.24	18.11	21.14	24.32	27.63	31.07	34.64	38.34	42.14	46.06			
13	8.28	10.82	13.57	16.50	19.62	22.90	26.35	29.93	33.66	37.53	41.54	45.65	49.90	54.28		
14	8.91	11.65	14.62	17.77	21.13	24.66	28.38	32.23	36.25	40.41	44.73	49.17	53.73	58.46	63.27	
15	9.55	12.48	15.66	19.04	22.64	26.42	30.40	4.53	38.84	43.30	47.93	52.68	57.57	62.63	67.79	73.08
16		13.32	16.70	20.31	24.14	28.19	32.43	36.84	41.42	46.19	51.12	56.19	61.41	66.81	72.31	77.95
17			17.55	21.5	25.65	29.95	34.46	39.14	44.01	49.07	54.32	59.70	65.25	70.98	76.83	82.82
18				22.85	27.16	31.71	36.48	41.44	46.60	51.96	57.51	63.21	69.09	75.15	81.35	87.70
19					28.67	33.47	38.51	43.74	49.19	54.85	60.71	66.72	72.93	79.3	85.86	92.57
20						35.23	40.54	46.04	51.78	57.73	63.90	70.24	76.76	83.51	90.38	97.44
21							42.56	48.35	54.37	60.62	67.10	73.75	80.60	87.68	94.90	102.31
22								50.65	56.96	63.51	70.29	77.26	84.44	91.86	99.42	107.18

摘自南京林业大学竹类研究所《竹林培育》。

表 11-4　第三类毛竹林二元鲜重表

kg

高度/m	胸径/cm															
	5	6	7	8	9	10	11	12	13	14	15	16	17	18	19	20
5	2.31	3.15	4.10	5.15	6.28	7.52										
6	2.78	3.79	4.92	6.17	7.54	9.02	10.61									
7	3.24	4.42	5.74	7.20	8.80	10.53	12.38	14.35				$W=0.03D^{1.7}\cdot H$				
8	3.70	5.05	6.56	8.23	10.05	12.03	14.15	16.40	18.75							
9	4.17	5.68	7.38	9.26	11.31	13.53	15.91	18.45	21.13	23.98						
10	4.63	6.31	8.20	10.29	12.57	15.04	17.68	20.50	23.48	26.64	29.96					
11	5.09	6.94	9.02	11.32	13.82	16.54	19.45	22.55	25.83	29.30	32.75	36.76				
12	5.55	7.57	9.84	12.35	15.08	18.04	21.22	24.60	28.18	31.97	35.95	40.10	44.46			
13	6.02	8.20	10.66	13.38	16.34	19.55	22.99	26.65	30.53	34.63	38.95	43.45	48.17	53.12		
14	6.48	8.83	11.48	14.41	17.59	21.05	24.75	28.70	32.87	37.30	41.91	46.79	51.87	57.20	62.71	
15		9.46	12.30	15.44	18.85	22.55	26.52	30.75	35.22	39.96	44.94	50.13	55.56	61.29	67.19	73.26
16			13.12	16.46	20.11	24.06	28.29	32.80	37.57	42.62	47.93	53.47	59.28	65.38	71.66	78.14
17				17.49	21.36	25.56	30.05	34.85	39.92	45.29	50.93	56.81	62.99	69.46	76.14	83.03

续表

高度/m	胸径/cm															
	5	6	7	8	9	10	11	12	13	14	15	16	17	18	19	20
18					22.62	27.06	31.83	36.90	42.27	47.95	53.92	60.16	66.69	73.55	80.62	87.91
19						28.57	33.60	38.95	41.61	50.62	56.92	63.50	74.10	77.63	85.10	92.80
20							35.36	41.00	46.96	53.28	59.92	66.84	70.40	81.72	89.58	97.68
21								43.05	49.31	55.94	62.91	70.18	77.81	85.81	94.06	102.56
22									51.66	58.61	66.91	73.52	81.51	89.89	98.54	107.45

摘自南京林业大学竹类研究所《竹林培育》。

要估算毛竹秆产量，只要调查标准地中各度竹的株数、平均胸径、平均高，查重量表，即可得各度竹平均单株竹秆重量，乘以各度竹株数，得到各度竹产量，各度竹产量相加即为标准地竹林产量，再从标准地产量推算全林分产量。

2. 气干竹材和绝干竹材重量计算

上面重量表都是按鲜重计算的，但是气干状态或绝干状态，胸高直径相同的竹秆，重量要比鲜重轻很多，这是因为竹秆水分散失的结果。随着年龄的增大，竹秆干物质含量逐渐增加，水分逐渐减少，所以不同年龄的竹秆水分散失程度也不同。根据毛竹竹秆含水率随年龄变化的规律性，计算出竹材气干（含水 12%）和绝干（含水 0%）的修正系数（表 11-5）。

表 11-5　竹林的气干系数和绝干系数

竹 龄	1 度	2 度	3 度	4 度以上	平 均
气干（含水 12%）修正系数	0.47	0.56	0.59	0.61	0.558
绝干（含水 0%）修正系数	0.43	0.52	0.55	0.56	0.515

摘自南京林业大学竹类研究所《竹林培育》。

根据各度竹材的胸径（或胸径和高度）查重量表，得竹材鲜重，将各度竹材鲜重乘以各度的气干系数就可得各度竹材的气干重量，或将各度竹材鲜重乘以各度竹绝干系数就可得各度竹材的绝干重量。

3. 毛竹林产量简易估算法

上面介绍的毛竹林产量估算方法需要经过实测、查表和计算的复杂过程，比较麻烦。而运用简易估算法就是用目测竹林的平均胸径和密度，并参照表 11-6 的数据，估算出竹林产量。

表 11-6　毛竹林的生长级与单株平均生长情况

生 长 级	一	二	三	四	五
胸径/cm	13	11	9	7	5
高度/m	17.14	15.12	13.01	10.77	8.37
枝下高/m	8.33	6.77	5.12	3.65	2.35

续表

生长级		一	二	三	四	五
鲜重/kg	总重	49.97	35.57	23.78	14.42	7.56
	竹材重	41.03	28.24	18.05	10.30	5.05
	枝叶重	8.94	7.33	5.73	4.12	2.51

摘自南京林业大学竹类研究所《竹林培育》。

例如，目测某毛竹林为第二生长级，1/15 ha 立竹密度为 200 株，查表，第二生长级单株竹秆重 28.24 kg，枝叶重 7.33 kg，总重 35.57 kg，所以 1/15 ha 竹材鲜重＝28.24×200＝5648 kg，枝叶重＝7.33×200＝1466 kg，总重＝7114 kg。

11.2 毛竹调查、规划、设计

毛竹林调查是毛竹林规划、设计的依据，而规划与设计是两个既有联系又有区别的不同程度或不同阶段的工作。一般说规划在前，是设计的前提和依据，反映的是总的长远的计划，设想比较粗放，一般不落实到小班、地块。而设计是在充分合理规划的前提下，对竹林的生长设计具体的措施及具体的工作安排，比较具体，可落实到小班、地块。

11.2.1 调查、规划和设计的目的

1. 毛竹林调查的目的

通过毛竹林的综合调查，掌握毛竹林生长的现状，包括现有毛竹林的立地条件状况、生长状况、资源状况、开发利用状况等。

2. 毛竹林规划的目的

掌握毛竹竹制品、笋制品的产销状况、供需状况，规划各村、乡、县毛竹林的经营面积及经营单位的经营方向。

3. 毛竹林设计目的

毛竹林的设计指各具体经营单位的作业设计，通过设计规定各经营单位每年的竹事活动，预测每年的笋产量和伐竹数量，制定科学的留笋育竹和采伐制度，调整竹林结构，将各经营单位的竹林纳入科学的经营轨道。

11.2.2 调查、规划和设计的内容

1. 毛竹林的综合调查内容

(1)面积调查：调查各竹林小班面积，统计各村、乡(镇)、林场和各县的毛竹林总面积。

(2)立地条件调查：调查各竹林小班的地形、土壤、植被及其混交状况，确定各竹林小班

的立地等级，统计各村、乡（镇）、县的各立地等级面积。

（3）竹林资源调查：调查各竹林小班的竹林组成，立竹总株数，各度竹株数，各度竹平均直径、平均高；计算各小班的竹林组成比例、年龄结构、生长级、叶面积指数、各度竹蓄积量、小班竹林蓄积量，以及 1/15 ha 平均立竹量和蓄积量；最后统计村、乡（镇）、林场、县的立竹总株数和总蓄积量及 1/15 ha 平均立竹株数和蓄积量。

（4）经营情况调查：调查近 6 年经营集约程度，包括深翻、锄草、松土、劈山、施肥、科学留笋育竹、合理采伐、病虫害防治、调整结构等情况，最后确定经营级；统计各村、乡（镇）、场、县的不同经营级面积。

2. 毛竹林规划的依据

毛竹林规划依据是：国民经济计划对各种笋、竹产品的需要量；国内外市场对各种笋、竹产品的需要量；当地群众平均每年笋、竹产品的消耗量；当地现有竹林面积可提供的笋、竹产品数量；当地市场价格。

3. 毛竹林规划的内容

（1）按照规划依据，确定对各类资源的需要量。

（2）按照各类型资源需要量，确定相应的竹林面积，并分解为各不同经营方向的竹林面积。

（3）根据各地自然条件和经营习惯，将已分解的不同经营方向的竹林面积落实到乡（镇）、村、林场，直至小班，使各小班都能明确经营方向，在作业设计时采取不同的经营措施。

4. 毛竹林小班作业设计内容

（1）以各不同经营方向的小班为对象分别进行作业设计。

（2）预测各年度的出笋量，确定每年留笋养竹量，以及冬春笋可挖量。规定留笋规格、时间，及挖笋技术要求。

（3）根据各小班立地条件、竹林组成、立竹量、年龄结构、竹林生长状况设计 6～7 年的抚育措施、年竹事活动安排和技术要求等。

（4）确定采伐年龄、采伐量、采伐技术要求。

（5）计算每年采伐后各度竹的立竹株数。6～7 年规划设计完成后，竹林必须成为花年竹林，有合理的组成、合理的立竹量、合理的年龄结构、合理的叶面积指数、合理的整齐度和合理的均匀度。

（6）统计各小班、村、乡（镇）、场、县每年留笋养竹量、冬春笋可挖量、竹秆采伐量（包括株数、蓄积量），与规划数量对照，若距离较大要适当修改规划。

（7）根据各地市场价格测算投资与经济效益。

11.2.3　调查、规划和设计的方法

1. 毛竹林综合调查方法

（1）毛竹林小班面积调查：面积调查可依据二类调查小班区划的图、表进行实地核对，落实小班界限和面积。若有出入，必须重新用罗盘仪测量，并修改小班区划图，在“毛竹林小班样方基本情况调查表”（附表 1）中应填实测面积。

（2）设置样方：小班可设置样方或样园进行调查，根据试验，每 3.3 ha 设一个 10 m×10

m 的样方或 3 个左右样园(半径 3.26 m)就有一定的代表性。样方或样园必须选择在小班中有代表性地段,注意避开道路,避开“林窗”,避开人畜干扰较多的地段。样方底边与水平线平行,4 个直角要准确,测角可用罗盘仪,或以皮尺按勾、股、弦定理准确丈量设角。设置后在 4 个顶点打下临时木桩,并用测绳围起。

(3)立地条件调查

地形地势:区别山脊、山坡(上、中、下)、山凹或山麓、平地,并如实记载。

海拔高:用海拔仪实测或以地形图算出样方位置的海拔高。

坡度:以坡度计实测。

坡向:用手持罗盘实测,按八个方位记载。

土壤类型:若确定土壤立地等级按省定的《毛竹丰产林技术》地方标准,则土壤类型要记载到亚类;若按群众习惯分类,土类可记乌沙土、黄沙土、死黄土、石质土。在调查土类时还要调查土层厚度、腐殖层厚度、土壤质地、土壤结构等因子。

植被类型:记载群落类型,以各层次的优势种命名,如毛竹—山矾—狗脊群落。

混交树种(指乔木层):记载主要混交种类、平均胸径、平均高和混交树种的株数、盖度。

灌木层:记载该层次的主要种类、灌木层平均高、层盖度。

草本层:记载主要种类、平均高、层盖度、多度。

立地等级划分:根据立地条件调查材料按省定的《毛竹林丰产技术》地方标准毛竹立地等级划分表进行划分确定。

(4)病虫害调查:调查为害竹笋、竹叶、竹秆病虫害种类,及为害率(按受害株数占样方株数百分比计算)。

(5)大小年情况调查:调查样方中大年竹与小年竹比例。

(6)经营措施调查:了解并记载具体经营者近 6 年采取的经营措施,并按经营级划分标准来划分经营级。

(7)资源调查:分度每竹检尺(高度、胸高直径),分别记载计算各度竹株数、平均直径、平均竹高,统计样方立竹株数、样方立竹平均胸径、平均竹高,计算样方各度竹蓄积量和样方立竹总蓄积量,并推算小班各度竹的株数和蓄积量,以及小班立竹总株数和总蓄积量。

(8)统计村、乡(镇)、场、县的各度竹株数和总株数、各度竹蓄积量和总蓄积量。

(9)确定各小班的竹林类型、叶面积指数,并对小班竹林提出评价。

小班竹林类型划分可根据立地条件(立地级)、经营水平(经营级)、生长状况(生长级)而定。

毛竹林的立地级:省定标准中,立地级划分为四级,即Ⅰ级(肥沃级)、Ⅱ级(较肥沃级)、Ⅲ级(中等肥沃级)、Ⅳ级(瘠薄级)。立地级是毛竹生长的基础。

经营级:按一般经营水平划分为三级,即集约经营为一级,一般经营为二级,粗放经营为三级。经营级表示经营措施的集约程度以及对竹林的改善程度。由于集约程度与改善竹林结构的大小不相一致,二级和三级又分 A、B 两个亚级。

生长级:毛竹林生长好坏用平均胸径来表示,生长好的平均胸径大,生长差的平均胸径小。这是立地条件和经营措施的综合效应。按规定,毛竹平均胸径 12 cm 以上为第一生长级;第二生长级平均胸径为 10～12 cm;第三生长级平均胸径为 8～10 cm;第四生长级平均胸径为 6～8 cm;第五生长级平均胸径为 6 cm 以下。毛竹胸径大小受立地条件和经营措施

影响，是立地条件好坏和经营是否合理的客观标准。

毛竹林类型是指具有相同经营级、立地级和生长级的毛竹林的联合。根据三大特征的不同组合，可将毛竹林区划为不同的类型，并用三个数字表示。如 232 第一个数字 2 表示第二经营级（一般经营级），第 2 个数字 3 表示第Ⅲ立地级，第三个数字 2 表示生长级二级，胸径 10～12 cm，说明经营合理。

为了便利调查规划，将福建目前通过的“毛竹林小班样方基本情况调查表”、“毛竹林小班资源调查表”、“毛竹林小班竹林类型、年龄结构、叶面积指数、蓄积量表”（列于附表），“各村、乡（镇）、场、县资源统计表”见表 11-7。

表 11-7　各村、乡、场、县毛竹林资源统计表

地名	立竹株数	立竹蓄积量/kg	1/15 ha 平均立竹株数	1/15 ha 平均蓄积量/kg										
	1 度	2 度	3 度	4 度	5 度以上	总株数	1 度	2 度	3 度	4 度	5 度以上	总蓄积量		
县														
乡														
村														
村														
乡														
村														
村														
乡														
村														
村														

2. 毛竹林规划方法

(1)召开各类型调查会，了解国民经济计划对当地竹笋、竹材及其他笋、竹产品的需要量。

(2)调查了解当地群众生产、生活及社会消耗对笋、竹产品需要量。

(3)了解商业部门、外贸部门、国内外市场对笋、竹产品需要量。

(4)查资料了解当地以往笋、竹产品的产、供、销情况。

(5)汇总各类型需要量，测量所需的各类型竹林，如材用竹林、笋竹兼用林、笋用竹林、纸浆用竹林等类型的面积。

(6)根据各地自然条件和竹林资源状况，将各类型竹林面积分别规划到乡（镇）、村、场直至小班，使各小班都明确各自的经营目的。

为了便利规划，现将“竹林资源社会需求量概况表”和“毛竹林规划表”附上（附表 4、附表 5）。

3. 毛竹林小班作业设计方法

小班作业设计必须在了解毛竹林规划，明确各小班的经营方向后进行。

(1)小班作业设计应分年度进行6～7年的作业设计，设计要调整到竹林为花年竹林，具有合理的立竹度、年龄结构、树种组成、叶面积指数、整齐度和均匀度。

(2)预测设计期限内每年笋产量，再按合理的立竹度和年龄结构要求，确定留笋育竹量。预测的出笋量减去留笋育竹量，即为每年竹笋可挖量。预测的出笋量仅是一参考数值，因为影响出笋量的因素很多，预测值不可能与实际出笋量完全相符，但有较大参考价值。

(3)以整齐度要求来确定留笋规格，以均匀度要求来规定留笋的合理分布；从保护竹林生长出发，规定挖笋的具体技术。

(4)确定6～7年内的抚育方式、抚育时间、抚育技术要求，确定各年度施肥的肥料种类、时间、施肥量、施肥方式等。

(5)确定采伐年龄、采伐时间，计算各年度采伐株数、采伐蓄积量，提出具体采伐技术要求。

(6)计算各年度伐后立竹量、伐后年龄结构(按伐后各度株数计，进度时除1度竹外，以后各度竹每年只能进各度数量的一半)。

(7)统计每年小班、村、乡(镇)、场、县的笋产量与竹产量，与规划数量比较，是否相符或接近，若相差较远，必须适当调整规划。

(8)按当地的市场价格，分年度对小班进行投资和效益测算。统计村、乡(镇)、场、县总投资量、总产值，计算经济效益。

附上“竹林作业设计表”、“经济效益概算表”(附表6、附表7)。

4. 毛竹林调查规划、设计说明书的编写

说明书包括下列内容：

(1)前言：简述本地区调查、规划、设计的目的、依据、原则、方法、技术力量组织、仪器设备、图表准备完成时间、提供成果等内容。

(2)基本情况：自然地理条件、社会经济条件、竹林资源现状、竹林资源特点和竹林管理体制。

(3)竹林调查：外业调查方法、内容、完成时间，内业整理内容，计算方法说明，计算成果，有关竹林特征的汇总，并附各种调查成果表。

(4)竹林规划：规划方法、规划依据，资料收集范围说明，规划内容、规划结果，并附规划成果表。

(5)竹林作业设计：设计基本要求、设计内容，设计的各种抚育措施说明，每年笋产量预测方法，竹产量预测说明，留笋育竹和砍伐制度的制定说明，设计的林分结构说明，投资效益说明，并附作业设计成果表和经济效益测算表。

(6)附属工程规划：包括林间道路、小型机动车的运输道路规划，笋干厂、清水笋厂设点位置、规模的规划说明。

(7)各种汇总表格：各村、乡(镇)、林场、县的立竹株数、立竹蓄积量汇总表，立地级、生长级汇总表，设计期内每年笋产量、竹产量预测汇总表，每年留笋育竹汇总表，资金投入、经济效益汇总表等(以上汇总表可自行设计)。这些汇总要附汇总说明。

(8)今后工作建议。

本章小结

竹林的规划设计是经济竹种丰产高效栽培技术措施实施的前提，也是采取合理措施的依据和标准。主要包括现有竹林因子及产量的调查、计算方法，规划设计的内容、方法及具体项目，要求根据有关规定及技术标准，设计出竹林栽培的各项技术措施，并进行产量预估及效益预算，用于指导现有竹林各项措施的实施，以提高经营的科学性和先进性，提高产量、质量。

思考题

1. 毛竹规划内容有哪些？
2. 毛竹林分因子调查的主要方法有哪些？
3. 如何进行毛竹笋产量估算？
4. 毛竹规划设计的成果有哪些？

附　表

附表 1　毛竹林小班样方基本情况调查表

乡　　村

林班号	小班号	样方号	地点	海拔高/m	地形	坡度	坡向	土壤			植被类型	混交树种				灌木层			草本层			抚育措施	病虫害情况
	面积							土类	土层厚度	土壤质地		主要种类	平均高/m	平均胸径/cm	盖度	主要种类	平均高/m	盖度	主要种类	平均高/m	盖度		

调查日期：　　年　月　日　　调查者：　　记录者：

附表 2　毛竹林小班资源调查表

乡　　村

林班号	小班号	样方号	1度			2度			3度			4度			5度			5度以上			样方株数	小班竹林平均高/m	小班竹林平均胸径/cm	大小年情况	备注
			株数	平均高/m	平均胸径/cm	株数	平均高/m	平均胸径/cm	株数	平均高/m	平均胸径/cm	株数	平均高/m	平均胸径/cm	株数	平均高/m	平均胸径/cm	株数	平均高/m	平均胸径/cm	小班总株数				

调查日期：　　　年　月　日　　　调查者：　　　记录者：

附表 3　毛竹林小班竹林类型、年龄结构、叶面积指数、蓄积量表

乡　　村

林班号	小班号	立地级	经营级	生长级	竹林类型	小班立竹量/株	1/15 ha平均立竹量/株	年龄结构%						叶面积指数	单株鲜重			小班竹材蓄积量/kg	小班枝叶蓄积量/kg	总蓄积量/kg	小班竹林评价	备注
								1度	2度	3度	4度	5度	5度以上		总量	竹材重/kg	枝叶重/kg					

调查日期：　　　年　月　日　　　调查者：　　　记录者：

附表 4　竹林资源社会需求概况表

乡　　　村

具体地名或单位	现有资料						社会需求量							竹资源余缺情况			备注
	面积(1/15 ha)	蓄积量/kg	年产竹/kg	平均产竹量/kg	年产笋/个	平均产笋/个	材用竹(株或 kg)					竹笋/个	纸浆用竹/kg	材用竹	纸浆用竹	竹笋	
							建筑	竹器	竹编及工艺品	其他竹类产品	小计						

附表 5　毛竹林规划表

县名	年产量/kg	竹材		年 1/15 ha 产竹		冬笋(个)		年 1/15 ha 产冬笋(个)			春笋(个)		年 1/15 ha 产			
	相应面积(1/15 ha)	材用竹林			笋用竹林				纸浆用竹林				笋竹兼用林			
乡名	材用竹林				笋竹兼用林				笋用竹林				纸浆用竹林			
	面积	村	场	小班	面积	村	场	小班	面积	村	场	小班	面积	村	场	小班

附表 6　竹林作业设计表

乡：　　村：　　小班：　　经营方向：

年份	留笋育竹					第一次抚育			第二次抚育			第三次抚育			伐竹				采伐量/kg		伐后年龄结构						
	孕笋量估算/个	留笋量/个	留笋要求	可挖笋量/个	挖笋技术要求	方式	时间	技术要求	方式	时间	技术要求	方式	时间	技术要求	年龄	株数	时间	要求	竹材	竹叶	1度	2度	3度	4度	5度	5度以上	立竹量/株

附表 7　经济效益概算表

乡：　　村：　　小班：　　经营方向：

年份	投　入												产　现														效益	备注
	第一次抚育		第二次抚育		第三次抚育		病虫害防治		其他		小计		冬笋				春笋				竹材				其他	小计（纯利）		
	总量	1/15 ha平均	总量	1/15 ha平均	总量	1/15 ha平均	总量	1/15 ha平均	总量	1/15 ha平均	总量	1/15 ha平均	产量	产值	成本	纯利	产量	产值	成本	纯利	产量	产值	成本	纯利				

参考文献

1. 郑郁善. 毛竹经营学. 厦门:厦门大学出版社,1999

2. 谭宏超. 中国主要经济竹种丰产栽培及加工利用. 昆明:云南科技出版社,2001

3. 彭彪,宋建英,方栋龙等. 竹类高效培育. 福州:福建科学技术出版社,2004

4. 黄盛林. 竹资源开发利用技术与竹产业发展策略实用手册. 长春:银声音像出版社,2004

5. 何奇江. 毛竹三笋栽培新技术. 杭州:浙江科学技术出版社,2010

6. 西南林学院等. 云南竹类资源及其开发利用. 昆明:云南科技出版社,1995

7. 朱石麟等. 中国竹类植物图志. 北京:中国林业出版社,1994

8. 何养明. 竹子文明. 时代的报告,1982 第 4 期

9. 陈嵘等. 竹的种类及栽培利用. 竹子研究汇刊,1981 第 2 期

10. 陈建寅等. 安吉县观赏竹种及栽培技术. 竹子研究汇刊,1996 第 1 期

11. 林鹏等. 福建植被. 福州:福建科学技术出版社,1990

12. 周芳纯. 我国竹类生产和研究的历史、现状和展望. 竹类研究,1983 第 2 期

图书在版编目(CIP)数据

经济竹种丰产高效栽培技术/方栋龙编著.—厦门:厦门大学出版社,2012.10(2020.6 重印)
福建省高职高专农林牧渔大类“十二五”规划教材
ISBN 978-7-5615-4392-4

Ⅰ.①经… Ⅱ.①方… Ⅲ.①竹亚科-栽培技术-高等职业教育-教材 Ⅳ.①S795

中国版本图书馆 CIP 数据核字(2012)第 229508 号

厦门大学出版社出版发行
(地址:厦门市软件园二期望海路 39 号 邮编:361008)
http://www.xmupress.com
xmup @ xmupress.com
三明市华光印务有限公司印刷
2012 年 10 月第 1 版 2020 年 6 月第 2 次印刷
开本:787×1092 1/16 印张:10.25
字数:250 千字
定价:36.00 元
如有印装质量问题请与承印厂调换